NEW CONVERSATIONS WITH AN OLD LANDSCAPE

LANDSCAPE ARCHITECTURE IN CONTEMPORARY AUSTRALIA

This book is dedicated to
Dame Elisabeth Murdoch AC, DBE

[澳] 凯瑟琳·布尔　著
倪　琪　陈敏红　译

历史与现代的对话

NEW CONVERSATIONS WITH AN OLD LANDSCAPE

LANDSCAPE ARCHITECTURE IN CONTEMPORARY AUSTRALIA

——当代澳大利亚景观设计

中国建筑工业出版社

著作权合同登记图字：01－2003－1950号

图书在版编目（CIP）数据

历史与现代的对话——当代澳大利亚景观设计/（澳）布尔著；倪琪，陈敏红译．—北京：中国建筑工业出版社，2003
ISBN 7－112－05850－3

Ⅰ．历…　Ⅱ．①布…②倪…③陈…　Ⅲ．景观－园林设计－澳大利亚　Ⅳ．TU986.661.1

中国版本图书馆CIP数据核字（2003）第040215号

责任编辑：程素荣

历史与现代的对话

——当代澳大利亚景观设计

［澳］凯瑟琳·布尔　著
倪　琪　陈敏红　译

中国建筑工业出版社出版、发行（北京西郊百万庄）
新　华　书　店　经　销
北京嘉泰利德公司制版
恒美印务有限公司印刷厂印刷
开本：889×1194毫米　横1/16　印张：10　字数：400千字
2003年8月第一版　　2003年8月第一次印刷
定价：**98.00**元
ISBN 7－112－05850－3
TU·5140（11489）

（邮政编码100037）
本社网址：http：//www.china-abp.com.cn
网上书店：http：//www.china-building.com.cn

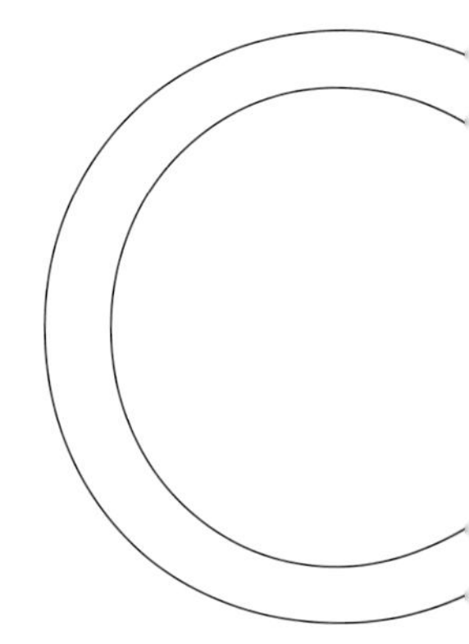

目 录

FOREWORD

序　言

凯瑟琳·布尔（Catherin Bull）所著的《历史与现代的对话——当代澳大利亚景观设计》一书，为澳大利亚景观设计界同行提供了很多有益的帮助。景观设计也许是最难描述的专业，因为从范围上讲，它涉及从区域规划到庭院设计，从目的上讲，它涉及个人乃至于整个社会。景观设计可能是最贴近生活本身的艺术形式，包括季节变化和生命循环。这种内在的变化是我们很难加以预料的。

布尔认为，设计景观，也许是可感知的景观，是来自于各种文化，特定的文化环境产生特定的艺术作品。这些艺术作品随着时间的推移常常发生既难描述、又不易被发现的变化。布尔的策略就是以文字和图片的形式来观察和审视二战后40年来的一系列景观设计工程，同时，她也谈到了一些早期的工程和实践，这些褒贬不一的工程实践活动给澳大利亚设计景观创造了一种定式，它们改变了澳大利亚人观察他们所创造的世界的方式。

这些工程汇总形成了一个对理解澳大利亚、欧洲以及北美的现代风景园林非常重要的景观设计工程系列，包括城市公园、道路和高速公路绿化，滨水区和大地绿化等。贯穿本书的观点具有启发性，也许对澳大利亚人尤为重要，如天然景观的保护和利用，澳大利亚独有的历史和社会计划，淡水短缺和土壤贫瘠所带来的问题等。同时，也可以发现贯穿全文的还有一个最难懂的现代概念：可持续性。

从这些描述中，我们可以了解战后澳大利亚的景观设计状况和未来的发展方向。由于该书是第一次尝试描述澳大利亚战后景观设计经验，势必会引起对澳大利亚景观设计方向潜在重要性的讨论。同时，这本书也将介绍给世界各地的读者朋友们，使他们了解澳大利亚景观设计中独特的经验。

彼得·沃克

2002年

彼得·沃克

彼得·沃克，美国风景园林师联合会会员（FASLA），40年来对风景园林界产生了重要影响，他往往被认为是美国综合设计室（American corporate multi – disciplinary office）设计构思的集大成者。他在许多公开机构中担任顾问，并从事教学、演讲和撰写文章，当然还要继续进行景观设计。彼得·沃克对景观的研究既广泛又深入，涉及范围从小花园到新城市，从公司总部、大专院校到城市广场，无论是城市主题还是乡村环境，他设计的景观都定位在从美国到日本、澳大利亚等各种地理和文化背景中。彼得·沃克最近又将他的设计王国扩展到出版界，建立了空间创意出版社（Spacemaker Press）和大地论坛（Land Forum）——一个信息量大、对目前景观设计中存在的问题进行讨论的论坛。彼得·沃克将继续促进景观设计、景观评论和景观历史的发展，促进人们对景观的理解。

ACKNOWLEDGEMENTS
致　谢

《历史与现代的对话——当代澳大利亚景观设计》一书是由许多同行的来稿汇编而成的。首先要特别感谢伊丽莎白·莫多克女士，感谢她多年来一直关注和支持园林事业的发展，而且更要感谢她对此项工程的慷慨相助。伊丽莎白女士在公众心目中被誉为是英明而又大度的博爱主义者，也是很有眼力的赞助人，我非常赞同这种说法，没有她的帮助，这本书也不会产生。其次要感谢所有的景观设计师，他们不仅贡献了他们的作品和构思，而且在研究过程中花费了大量时间。除此之外，还有许多人提供了背景资料、报告、计划和照片，还带我去了一些特别的地方，他们是：哈瑟尔公司（Hassell）的休·巴恩斯利（Sue Barnsley）、巴巴拉·谢弗（Barbara Schaffer）、约翰·贝德福德（John Bedford）、托尼·麦考米克（Tony McCormick）和肯·麦瑟（Ken Maher），GBLA的格雷姆·本特利（Graeme Bentley），布莱克威尔一联合公司（Blackwell& Associates）的托尼·布莱克威尔（Tony Blackwell），维多利亚州大地顾问公司（Tract，Vic）的保罗·邦巴迪尔（Paul Bombardier）、巴巴拉·布坎南（Barbara Buchanan）、克雷格·勃顿（Craig Burton）、斯蒂夫·卡尔霍恩（Steve Calhoun）和罗德·乌尔夫（Rod Wulff），西澳大利亚州大地顾问公司（Tract，WA）的斯图尔特·普利布莱克（Stuart Pullyblank），克劳斯顿公司（Clouston）的莱奥纳得·林奇（Leonard Lynch）和托尼·考克斯（Tony Cox），康泰斯特景观设计公司（Context Landscape Design）的奇·仲（Qi Choong），EDAW（Qld）的迈克尔·埃里克森（Michael Erikson），环境合伙设计公司（Environmental Partnership）的迈克尔·尤因斯（Michael Ewings）和亚当·亨特（Adam Hunt），格林–戴尔公司（Green and Dale）的格伦·格洛斯特（Glen Gloster）和斯图尔特·格林（Stuart Green），皮滕德莱–欣克菲尔德–布鲁斯公司（Pittendrigh，Shinkfield and Bruce）的保罗·莱科克（Paul Laycock）、克里斯腾·马丁（Kristen Martin）、布鲁斯·麦肯齐（Bruce Mackenzie）、约翰·欣克菲尔德（John Shinkfield）和马克·布兰奇（Mark Blanche），肯维多利亚顶尖设计工作室4.1.3（Room 4.1.3，Ken Victoria Sharp of Sharp Design Studio）的理查德·韦勒（Richard weller）和弗拉基木尔·西塔（Vladimir Sitta），大地规划公司（Siteplan）的菲利普·杜瑞（Philip Druery）和马腾·比伊斯（Marten Bujs），斯帕克曼莫索普公司（Spackman Mossop）的迈克尔·斯帕克曼（Michael Spackman），泰勒–丘吉特–莱斯利恩公司（Taylor Cullity and Lethlean）的凯文·泰勒（Kevin Taylor）和佩里·莱斯利恩（Perry Lethlean）以及城市探索公司（Urban Initiatives）的布鲁斯·埃切伯格（Bruce Echberg）和蒂姆·哈特（Tim Hart），我相信本书对他们的作品都给予了积极的评价。

同时，也要感谢墨尔本图书出版集团的保罗·莱瑟姆（Paul Latham）、阿莱希纳·布鲁克斯（Alessina Brooks）和伊丽莎·霍普（Eliza Hope），感谢他们自始至终对本书的关心和所做的工作，他们总能找到一个新的角度。

对于图片资料，当然要感谢彼得·贝内兹（Peter Bennetts），他不仅将他大量的精彩照片提供给我，而且把他的旅行和考察实记都贡献出来，对本书的成形做了大量的工作。我也要向布鲁斯·理卡德（Bruce Rickard）和埃里克·西门子（Eric Seimens）致谢，感谢他们允许采用马克斯·杜佩恩（Max Dupain）的原始作品并且提供了非常好的打印质量。纽卡斯尔城市委员会的布雷恩·伯恩斯（Brian Burns）、莱恩科夫城市委员会的朱迪·华盛顿（Judy Washington）和布鲁斯·斯塔基（Bruce Stuckey）也花费了大量的时间，提供了尽可能多的图片资料和背景资料，我衷心地感谢他们。

墨尔本大学的在读园林硕士生琼·格林伍德（Joanne Greenwood）、哈米什·弗里曼（Hamish Freeman）和利比·沃德（Libby Ward）也多次参与了辅助研究工作。利比主要从事早期阶段的工作，邀请澳大利亚的风景园林师提供作品和相关重要人士的资料等，她作为一名研究者和作家的经验是很宝贵的。琼从事长期的编纂工作，收集参考资料、照片等，同时对许多细节问题做了深入研究。哈米什具有丰富的图片设计经验，协助我们进行图表和图片的编辑和整理工作，在此一并致谢。

我还要衷心地感谢彼得·沃克对本书及一些重点讨论的作品所作的深刻评价，这些作品不仅有澳大利亚的，还有世界其他地方的园林景观。

在美丽的利泽岛（Lizard Island）调查期间，罗宾·庞蒂凡（Robyn Ponteyvan）经理为我和彼得·贝内兹提供了住宿，在此我也要向他致谢。最后，我衷心地感谢墨尔本大学的同事们，感谢他们在我进行野外工作期间所给予的帮助。当然，我还要感谢我的丈夫丹尼斯·吉布森（Dennis Gibson），他提出的问题和尖锐的批评也是很有价值的。

凯瑟琳·布尔

（Catherin Bull）

2002年于墨尔本

1. 新景观介绍

PROPOSING A NEW LANDSCAPE

设计景观（Designed Landscape）像所有艺术作品一样，都是人类想像力和技能的产物。与其他艺术作品所不同的是，设计景观不是固定的、单一的物体，不能孤立地看待。它们正朝着有助于人类活动和自然进程的方向改变，并共存于人们希望的关系中。

随着时间的推移，最初将设计景观定义为艺术作品的性质变得越来越不明显了，因为自然力似乎取代了人类设计景观的意图和技能。苔藓和地衣生长在岩石和混凝土上，生长在脆弱的人行道边缘、墙角和建筑物的风化处；清澈的水中生存着许多种生命形式；色彩随着日晒和盐类的侵蚀而黯淡下来，植物发育、成熟、衰老、死亡、再生或无法再生。建筑和道路也会发生改变，除非是专业人士，常人的眼光是很难辨认出构成景观的各种物体哪些是人类劳动的成果，哪些是自然力作用的结果。

人类使用和自然循环相互作用构成了景观的品质，正是因为这一点，景观设计师们都力求达到一种和谐，即随着时间的流逝，景观各个部分仍能协调一致。预测和设计景观所发生的变化是最大的挑战之一，因为景观设计是一种颇具整体性的艺术，它将新旧景观结合起来，采用借景、障景等手法促进或抑制自然进程的发展。人们不禁要问：景观在建设之前，一个设计方案能否被人理解？建成后能否马上为人所用？再过几十年，这一景观还能不能被风景园林师所理解和关注？对于这些问题，变化的过程起决定作用。

同所有事物一样，最好的设计景观能使人得到安慰和满足，这种感觉源于人们对景观本身所表达出的形式和价值的熟悉程度，无论是自然景观还是人文景观。如果一个景观能使人似曾相识，那么这种景观往往是很具美感的[1]。这样，设计师或其他人在陌生环境中依固有模式改造景观，通过经验和想像重新创造出景观，而不是使其设计赋有当地特色，因为这种特色仅仅通过表象是很难被人理解和接受的。不熟悉的景观和新的设计形式常常评价不高，因为景观的价值是通过使用和理解取得的，而这只有达到一定的熟悉程度才能实现。当景观成功地将某地的文化与自然进程联系起来时，景观设计才能促进人们对新环境的适应。即使这些过程与当地的固有的自然风貌没有联系，也不被人们所熟悉，景观设计也能通过渐渐重复已有的景观形式促进这一过程的发展。

经过200多年的移民定居生活，澳大利亚许多原有的景观被认为是全新的和陌生的，结果这些景观不为人赏识，评价很低。这些景观的特征与移民们所熟悉的相去甚远，以至于这些新定居者常常缺少文化传承的理念去欣赏他们所看到的风景[2]。新移民将大量现存的景观一笔抹煞，将他们认为的荒野之地改变成赋有现代文明气息的新景观，这些新景观才是他们所熟悉的。首先，他们创造了塔布拉尔拉赛园区（tabular

由哈里·霍华德和巴巴拉·布南坎在原稿基础上重新规划的澳大利亚国家美术馆雕塑园的平面图

Plan of the Sculpture Garden, Australian National Gallery, redrawn from the original by Harry Howard and Barbara Buchanan.

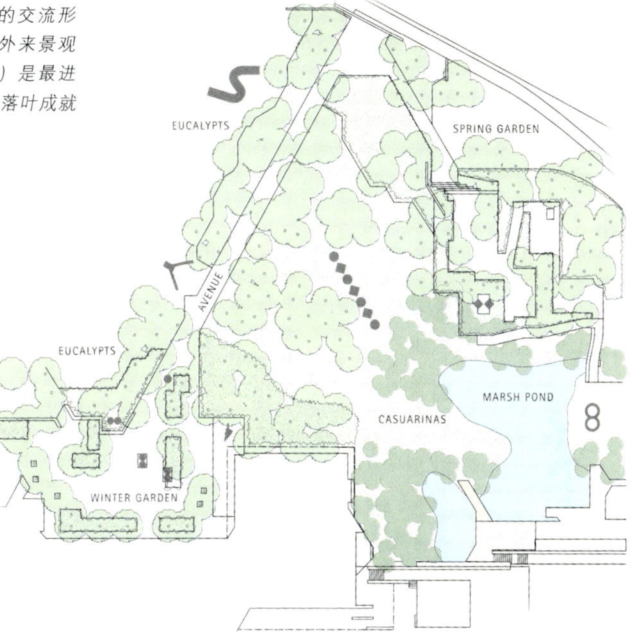

澳大利亚国家美术馆（Australian National Gallery）位于堪培拉，其中的雕塑园（Sculpture Garden）是一种全新的交流形式，景观设计师哈里·霍华德（Harry Howard）和巴巴拉·布南坎（Barbara Buchanan）向当时主宰国家三角洲地区的外来景观提出了挑战。霍华德和布南坎断言：当地古老的森林地带（重建在伯利格里芬湖（Lake Burley Griffin）边的空地上）是最进化、最现代化环境的有机组成部分——这是国家美术馆高雅艺术和高雅文化的家园。桉树和金合欢树、带状树皮和落叶成就了奥古斯特·罗丹（Auguste Rodin）和亨利·穆尔（Herry Moore）的伟大雕塑。

rasa)，一块洁净的、由绿篱围起来的平地，上面铺有草坪和石砖，建造他们熟悉的建筑物和道路，种植他们熟悉的植物，采用通常的布局形式，为他们自身和动物提供一个居住地。作为这一过程的一部分，他们种植能够存活的植物种类，这些植物与他们家乡的很相近，或者是种植那些来自附近地区的他们认为是经过驯化的植物种类，而乡土植物在建成的景观区内很少种植。这种移民熟悉的而对澳大利亚来讲具有异国情调的景观开始占据主导地位。这一过程在澳大利亚的环境史、园艺史和艺术史中一直被分析记录着[3]，并延续至今。

毕竟，没有人知道澳大利亚植物是如何繁衍的，也不知道乡土植物在栽培驯化过程中是如何生长的[4]。然而，当地居民对当地景观是非常了解的，并与景观关系密切，他们并没有按欧洲移民者期望的那样建设住宅区和栽培植物，他们丰富的知识似乎与新移民先入为主的观念不相符合。例如，新移民们认为绝大多数的乡土植物是没用的、不吸引人的，以至于相应的栽培方式几乎不能被采用[5]。乡土植物作为自然进程的一部分，其生态价值并没有得到承认和了解，即使是像沃尔特·希尔（Walter Hill）和巴伦·冯·穆勒（Baron Von Mueller）这样的伟大植物专家，虽然他们在布里斯班和墨尔本新建的植物园内对本地物种进行过试验，并且大力提倡森林保护，但他们仍将大部分精力用于对外来物种进行驯化的科研活动中，毕竟绝大多数的移民对外来物种如何在澳大利亚生长，如何适应澳大利亚的环境条件更感兴趣，而对本地树种如何栽培没有什么兴趣。在19世纪末，一些乡土树种如金合欢（acacias）、澳洲茶树（tea－tree）、桉树（eucalyptuses）、白千层（paperbarks）和哈克木属（hakeas）植物，被博物馆馆长、后来是墨尔本皇家植物园的设计者威廉·吉尔福伊尔（William Guilfoyle）描述为“没有用的土生丛林”，而把外来植物看作是更好的、更适宜种植的种类[6]。

其他地方的著名设计景观常被用作设计新景观的模式，尤其是英国拜占庭式的如画的美丽景观——修剪整齐的草坪、起伏的草地和小路、成片的树林和广阔的湖泊，这些景观再现于当今盛行的景观设计潮流中[7]，在早期公园、大型别墅、乡村田园及其他地方也随处可见，并且这些形式逐渐小型化，采用栽种外来树种、种植标本树、建造假山园的形式填充到郊区景观中，然后再装饰一些象征维多利亚时代和爱德华时代的饰品[8]。二战后，地中海和亚洲移民不断迁入，又增加了一丝异国风情，实用的前花园和多产的后院的融合更明显，表现了早期的花园特征[9]。结果，澳大利亚的景观变成了一部充满异国情调和异域形式的重写稿。

The site of the Sculpture Garden at the Australian National Gallery (ANG) in 1982 at the start of construction viewed from the roof of the High Court to the west. The ANG building is to the right.

1982年开始兴建国家美术馆雕塑园时，从高等法院西侧屋顶所看到的雕塑园当时的立地条件。国家美术馆大楼位于右侧

在国家美术馆大楼南侧，沿着雕塑园大道看到的景象

View today along the Avenue of the Sculpture Garden, south towards the Australian National Gallery Building.

总而言之，澳大利亚所种的植物种类都是外来的。在温暖的澳大利亚南部地区，欧亚和美洲的落叶树已经占有明显的优势，墨尔本市区的街道、公园、花园都铺设了成片的草地，种有灌木以及外来树种如榆树（elm）、栎树（oak）和来檬树（lime）等；在亚热带和热带北部地区，来自加勒比海、亚洲和南美洲的花大色艳的植物占主导地位。

在堪培拉，尽管设计者沃尔特·伯利·格里芬（Walter Burley Griffin）的意图是将一个忙碌的城市建在桉树林淡淡的色彩和简洁的形式中[10]，然而现在大片茂盛而滋润的草地和北美、欧洲、亚洲的许多引人注目的观叶树种已成为该市的主调树种。种植有乡土树种的大道首次出现在澳大利亚关于城市环境中如何管理乡土树种的正式计划中，设计者也确实打算在主要的几条正规街道上种植乡土树种。这表明，虽然赋有外来理念的美景支配着设计师们去设计景观，但他们偶而也会设计出另一种当地风格的景观。

本书的中心是记录设计者和景观之间的交流，就像伯利·格里芬湖那样，在设计景观未改变之前，设计师和景观要进行对话。每一处景观首先表达的是设计师的主张——应该如何处理人与自然的关系。作为一种观念性主张，设计景观表现的是设计者的理解力，体现了他们对自然与人类利用的双重要求的重视，并且记录着二者之间的对话。例如，设计师既与自然充分交流，又邀请当地团体进行交流，这种交流将随着时间的推移而发展，可以推测出多年以后景观的自然变化和人文变化。

在景观形式中，只要能懂得它们的语言，这些观点都能被读懂，就像文字记录的观点一样。只要这些观点有一个总体构架，就会有语法和词汇。在它们的历史长河中，它们是移民文化与澳大利亚环境之间进展关系的指示者，在不同时期和不同地点，为我们适应澳大利亚的自然条件指明了方向。

举例来说，我们的移民祖先与景观之间的早期交流，形成了设计景观。解读这些景观，我们可以看出新移民对国家公共事业和生产力的最初印象。这些印象使他们未能听到、看到、感觉到当地大量存在的景观。而这些大量存在的景观是值得一提的[11]。

新移民设计的景观显示出，他们在很大程度上忽略了自然力对土地的作用，也忽略了自然力更大的价值。新移民也没有表现出更大的兴趣去倾听当地景观的诉说。他们与现存景观之间的交流受这样的主张主宰着：从人们熟悉的传统眼光来看，澳大利亚的景观应当越来越有用，这些景观都应是花园或公园[12]。新景观似乎提出了这样的观点：外来的熟悉的景观确实有其价值，而许多现存的景观却没有什么价值。许多因开垦和改造而发生改变的地区也证明了这一点，因为天然草原和天然林在它们发出的信息被接收和理解之前已迅速消失了[13]。布里斯班的热带雨林，墨尔本和悉尼西部的森林和草原，在它们能够参与演替之前已无声无息地消失了。回顾历史，也许悉尼港周围的地区是最幸运的地方：陡峭的岩石悬崖、贫瘠的土壤、高耸的植物仍然在证明着自己的存在，因为它们根本不能改造。在早期阶段，这些地区几乎未经设计和改造过——它们被忽略了。

虽然起初这个沉默的团体有点唱独脚戏的味道，但现存的景观偶尔也会主动作出应答。然而，这些回答对新移民来说是很难理解的。它的词汇在新移民的景观意象库中是没有位置的，他们的心目中被公园、花园、街道占据着。现存景观的语言——干旱、洪水、林火、热带风暴、龙卷风、贫瘠的土壤、灌木丛——被文明的人类理解为是荒芜和野蛮的同类词。

View today towards the pond in the Sculpture Garden at the Australian National Gallery through the she-oak grove and *Fog Sculpture* by Fujiko Nakaya.

透过木麻黄树丛和藤子中也（Fujiko Nakaya）的雕塑《Fog Sculpture》，可以看到目前的澳大利亚国家美术馆雕塑园的池塘景观

Henry Moore's *Hill Arches No. 4* rises from the rushes of the Sculpture Garden pond at the Australian National Gallery.

亨利·穆尔的雕塑《Hill Arches No. 4》从澳大利亚国家美术馆雕塑园池塘的灯心草丛中升起

即使是那些刚发现时认为是符合理想的景观画面，实际上也会被改变成居住区或农业区。移民所到之处，第一步就是要进行清除和改造，加快现代化进程的发展。那些地形崎岖而雄伟的景观，被保存下来作为国家公园[15]。灌木丛仅仅能在远离人类活动的环境中生长，它不是一种能与人类一起生活的景观。我们的第一国家公园——皇家国家公园（Royal National Park），位于悉尼南部，是崎岖不平的地形、悬崖峭壁和海滨沙滩共存的一种景观，即使如此，它也受传统的影响而改变。自从1879年命名后，丛林和浅滩主景区周围的沙土均被草地、蜿蜒的小道、落叶树和放牧的鹿群所取代了，营造出一派安静详和的景象，与其广阔的荒野背景形成了对比[16]。

有些原始景观能够使新定居者想起其他地方的熟悉景观，或者显示出具有一定的开垦耕作价值，这些景观的所在地也重复着相同形式的改造过程。印度和亚洲的群山地区躲避炎热气候的做法为墨尔本附近的马其顿山脉（Mt Macedon）和悉尼附近的威尔逊山脉（Mt Wilson）的居民提供了很多启示[17]。那浓密的树冠层、蕨类地被层、大量的鸟类，所有这些都被看作是无足轻重的，常常要让位于外来形式的公园和大房子，其远处是大片的丛林景观。在这些早期的景观中，林火的作用是被忽略的，好像它们不应该存在一样，因而也不会发生。正如2002年初悉尼近郊开发区边缘的林火所显示的，澳大利亚人似乎直到今天仍很难真正采取积极的与丛林和谐相处的经营管理措施，仍将丛林看作是观察或破坏的对象。

尽管新移民仍在破坏现有景观，但灌木丛及其内部的景观和它们的许多特色都充满了国家精神，保留了许多艺术性，也给我们留下了许多疑问。烟雾弥漫的神秘色彩、辉煌的灯光、广阔的天空、开敞的安静空间、裸露的古老地质层，这一切仍然是艺术家研究的焦点，也是艺术家追求的方向。澳大利亚人不像那些在北美新大陆的伙伴们那样去追求其他的艺术主题，他们通过绘画、文学、诗歌、音乐、摄影和电影去发现景观，以证明现在还有更多的景观值得去挖掘、去理解[18]。那些广阔而古老的景观所具有的空间感、宁静感和持续的忍耐性，在这个人口众多、高新技术不断涌现的世界中，向人类的现有价值观提出了挑战[19]。这些“古老”的景观及其特色保留了一种有趣的神秘感，不仅是对澳大利亚人，对许多来自人口更加稠密地区（多数是人工景观区）的游客也是很神秘的，使他们去感受和理解这种“古老”景观的魅力。

尽管当代的澳大利亚人将神秘的“丛林”图像储存在脑海中，也很喜欢远远地观赏，但他们仍会发现这些景观很难与平常的景观——庭院、街道、村镇、城市融为一体。他们很少会将这种自然景观要素作为设计作品的一部分，他们认为这些都是野外的景观，是不适合与之一起“生活”的。自然景观中只有很少一部分要素具有人们所熟悉或是很容易被发现的特点，而只有这些要素才会应用于景观格局中——如引人注目的高大常绿乔木银桦（Grevilleas），假山园中的岩生花灌木，以及枝繁叶茂的或有一定结构形式的植物如棕榈、蕨类植物[21]、松树和Kingia属植物等。即使两个世纪以后，绝大多数的设计景观，仍在其他地方继续以固定的流行模式被模仿，而植有乡土物种的地方性景观、田园景观仍是不常见的[22]。

然而，除了这些普通的形式外，也有一些著名的例子与之不同。它们表达的是另一种不同类型的交流，这种交流源于人们渴望从自然界获得自身文化背景和设计者无法提供的更多的信息。这些就是关于这本书题目中的“新对话”（New Conversation）。如果这些景观记录的是澳大利亚景观与其设计者之间的交流，那么它们的主张是什么呢？对于当代澳大利亚人如何理解和适应他们的生存环境，它们又告诉我们些什么？

本书提出了这样一些问题：自欧洲移民定居后的第二个世纪末和第三个世纪初，澳大利亚人是否能够建造更能直接反映他们居住地本质特征的景观，并与之和谐生活？我们的目的就是要研究在20世纪后40年中，我们是怎样更合理地选择了现存景观，又是怎样更合理地建造了新景观。这一时期是景观设计师和他们的工作环境之间的交流改变位置的时期，在此期间，澳大利亚新兴的景观设计师开始注意到他们居住地中的老景观，发现了一些新东西，倾听到更多的景观语言。他们的设计记录了他们与景观之间的对话，也记录了他们的同事及工作对象。这些景观记录了设计师的主张和观点，澳大利亚人与其环境之间的关系应该是怎样的，特定的景观应采取怎样相应的形式；也记录了自然对设计者观点的反映，体现在这些景观随着时间的流逝而发生的变化中。

我们的工作主要是研究澳大利亚人与他们的国土——城镇、运河、乡村、偏远地区和国家公园——之间的关系是如何发展的。通常，景观设计师会帮助个人和团体以更符合可持续发展原则的方式，更合理地利用土地资源和水资源。这种设计景观不仅表达了景观设计师的看法和更多人的观点，也表达了他们合作伙伴的观点，既表现了文化与自然之间未来的关系，也记录了它们之间的交流。这些记录显示出，在发展过程中，有哪些景观被理解了，哪些是受重视的，哪些是被淘汰的。

本书讨论了精选的设计景观，分析了在当代澳大利亚社会中，这些景观是如何坚持自己原则的，还讲述了对有关丛林、偏远地区、最干旱地区、海滨户外生活和城市户外生活、旅行和可持续发展的居住地等的一些看法。

特别地来说，这些景观达到了“虽由人作，宛自天开”的效果，它们是自然力和偶然因素形成的产物。对于这些设计景观来说，时间以各种方式发挥着作用，似乎使这种壮丽景观和在建造过程中所克服的困难被遗忘了，使用过程和自然过程也可能改变了原有的能够反映设计者意图的形式。由于大多数景观都在公共区域，也非常受欢迎，所以人们可能没有意识到建造时所花费的精力。作为设计作品，人类想像力和技能在制作景观过程中的作用应当得到承认，也值得我们尊重和关注。本书的目的就是要承认这些景观的存在，并说明其作为艺术作品的价值和贡献，也希望本书讨论的作品能够获得更大的价值。

本书所集中介绍的时期尤为重要，原因在于，这是一个澳大利亚人关心环境问题的时期。澳大利亚人把环境看作是一个问题，一种情感，实际上是全面关注环境本身。我们能够看到这几十年来，澳大利亚社会与其景观变化之间进行对话的情景，因为很多澳大利亚人开始更仔细地去倾听景观的诉说，而不是继续将其他地方的主导观念强加其中。

结果，形成了这样一个时期：景观设计成为一个行业，并且一些潜在的工作、也许绝大多数的实验性工作已开展起来。这些工作有其自己的故事与意义，它们告诉我们一些澳大利亚的情况和当代澳大利亚人是如何生活的。然而也有争议，有一些缺乏传统特色、缺少欧洲和北美拜占庭式景观的规则性和技术上的精确性，毕竟欧洲和北美的景观设计具有相当长的历史。但我们也要公正地看到：许多景观都表现出了与一个年轻国家相符的活力：不拘礼仪，有创新之处。它们所要告诉我们的在这里——在这些交流中体现出来。

The eucalyptus grove and gravel floor provide the setting for Bert Flugelman's *Cones* in the Sculpture Garden at the Australian National Gallery.

在澳大利亚国家美术馆雕塑园中，桉树林和砾石铺装的地面贝特·弗吕格尔（Bert Flugelman）的锥形雕塑提供了背景

ENDNOTES

1 Haynes, R. D. 1998, *Seeking the Centre: The Australian Desert in Literature, Art and Film*, Cambridge University Press, Melbourne, p. 87.

2 For discussion of the process of settlement and adjustment from a cultural perspective, see Smith, B. 1960, *European Vision and the South Pacific,* Oxford University Press, Oxford; Bonyhady, T. 1985, *Images in Opposition: Australian Landscape Painting 1801–1890*, Oxford University Press, Melbourne; and Serle, G. 1973, *From Deserts the Prophets Come. The Creative Spirit in Australia 1788–1972*, William Heinemann, Melbourne, particularly chapters 1 and 2.

3 See, for example, discussions in Seddon, G. 1997, *Landprints, Reflections on Place and Landscape,* Cambridge University Press, Melbourne; Flannery, T. F. F. 1994, *The Future Eaters: An Ecological History of the Australasian Lands and Peoples*, Reed Books, Sydney; Mulvaney, D. J. (Ed.) 1990, *The Humanities and the Australian Environment,* Occasional Paper, no. 11, Australian Academy of the Humanities, Canberra; and Jill, Duchess of Hamilton & Bruce, Julia 1998, *The Flower Chain: The Early Discovery of Australian Plants*, Kangaroo Press, Australia, especially chapter 1.

4 Jill & Bruce, op. cit. It is also of note that landscape architects such as Jean Verschuer (*Landscape Australia,* no. 2, 2001, Landscape Publications, Victoria, p. 64), Bruce Mackenzie (*Landscape Australia,* no. 2, 1996, Landscape Publications, Victoria, p. 132) and myself in chapter 3, describe pioneering the propagation of indigenous plant species in the areas where they worked, many years after those plants were formally identified.

5 Serle, op. cit., amongst other historians, describes in detail the way in which the native bush was often considered depressing, gloomy, monotonous and sombre (see chapter 1 and chapter 6). Also, Smith, B., Smith, T. & Heathcote, C. 1961, *Australian Painting 1788–2000,* 4th edn, 2001, Oxford University Press, Melbourne, pp. 11–16.

6 In her exploration of the history of the garden, Trimble, J. 1995, 'The Garden in Australia', *Australian Garden History*, vol. 6, no. 5, March/April, Australian Garden History Society, Melbourne, pp. 11–16 (p. 13) quotes Guilfoyle (from Pescott, R. T. M & Guilfoyle, W. R. (1840–1912) 1974, *The Master of Landscaping*, Oxford University Press, Melbourne, pp. 79–115, p. 81) as saying 'useless indigenous scrub such as *Acacias* and *Leptospermum*, and *hakeas, eucalypts* and *melaleuca'.* Also, Bonyhady, T. 2000, *The Colonial Earth,* Melbourne University Press, Melbourne, discusses the notion of the inferior eucalyptus (or gum tree) and superior exotic and the arguments relating to both in chapter 6.

7 Georgina Whitehead's history of the early parks of Melbourne and their design in Whitehead, G. 1997, *Civilising the City: A History of Melbourne's Public Gardens,* State Library of Victoria, Melbourne, provides examples of the application of picturesque principles to that city's most important public landscapes.

8 See Jones, D. 'Grottoes, Rockeries and Ferneries: The Creations of Charles Robinette' in Whitehead, G. 2001, *Planting the Nation*, Australian Garden History Society, Melbourne, pp. 137–58.

9 In her article 'Migrant Cultural Landscapes: Collisions of Culture in Australia's Pluralist Cities', *Landscape Australia,* no. 1, 2001, Landscape Publications, Victoria, pp. 57–60, Helen Armstrong provides a useful summary of her research into the area of migration and its expression in the Australian landscape, and refers to her other publications. Seddon, op. cit., also explores the history and evolution of gardens in Australia in chapters 16, 17 and 18.

10 For a discussion of Griffin's approaches to the Australian landscape, see James Weiricks' essay 'Walter Burley Griffin: The Ideas he Brought to Australia', *Landscape Australia,* no. 3, 1988, Landscape Publications, Victoria, pp. 241–6, pp. 255–6.

11 Again, these processes are discussed in more detail in Bonyhady, op. cit. and Flannery, op. cit.

12 For a discussion of this process and typical examples, see Bonyhady, op. cit., chapter 3, 'A Painter's Delight'.

13 Bonyhady, op. cit., describes the rate of clearing of forests and the attempts to halt the clearing, in chapter 9 of his book. See also chapter 7 'Sustaining Habitat' and various McLennan, W. 1996, *Australians and the Environment*, Australian Bureau of Statistics, Canberra. See chapter 7 for a detailed discussion on forest loss.

14 Chapter 7 of McLennan, ibid. describes the proportion of biogeographic area around Sydney in the whole of the Sydney Basin as protected, as 32.4 per cent, the highest by far, of the biogeographic regions in settled (or Intensive Landuse Zone) areas and the second highest nationally.

15 For a general discussion on Australians and the environment including National Parks, see McLennan, op. cit., chapter 7, pp. 213–20.

16 For a discussion of the history of the Royal National Park, see pages 18–21 in Pettigrew, C. and Lyons, M. 1979, 'Royal National Park – A History', *Parks and Wildlife, 2 (3–4),* April, p. 18.

17 Philip Goad discusses these in 'New Land, New Language: Shifting Grounds in Australian Attitudes to Landscape, Architecture and Modernism, 1940–1960', chapter 9 in Treib, Marc (Ed.) 2002, *The Architecture of Landscape,* The University of Pennsylvania Press, Philadelphia.

18 Haynes, op. cit., explores the desert landscapes as the site of continual re-assessment of Australia's relationship with the land and landscape through history, through art, film and literature.

19 In their introduction to the book on the role of iconography in imagining the landscape, Stephen Daniels and Dennis Cosgrove discuss the persistence and exploratory role of Australian landscape painting. The interest in it internationally they assign to its exploration of the uninhabitable (Cosgrove, D. and Daniels, S. eds. 1988, *The Iconography of Landscape. Essays on the Symbolic Representation, Design and Use of Past Environments*, Cambridge University Press, Cambridge). They draw a parallel between the intractable lands of Australia and the possible future condition of much of the planet and ascribe the popularity of the paintings to the exploration of that condition.

20 Surveys discussed in the current Australian Bureau of Statistics publication *Australia Now: Environmental Biodiversity* (ABS 2001) describe over 70 per cent of international travellers to Australia as identifying unique flora and fauna and the open landscape as their main reasons for visiting.

21 For an enlightening discussion of the fad for ferns in Victorian Melbourne, see Chapter 4, 'Fern Fever', in Bonyhady, op. cit.

22 See Bull, C. J., 'A Purposeful Aesthetic? Valuing Landscape Style and Meaning in the Ecological Age' in *Landscape Australia,* no. 1, 1996, Landscape Publications, Victoria, pp. 24–30. For a discussion of the landscape of settlement in Australia and Jill & Bruce, op. cit., chapter 1, which describes a recent survey assessing that less than 1 per cent of plants grown in domestic gardens were native.

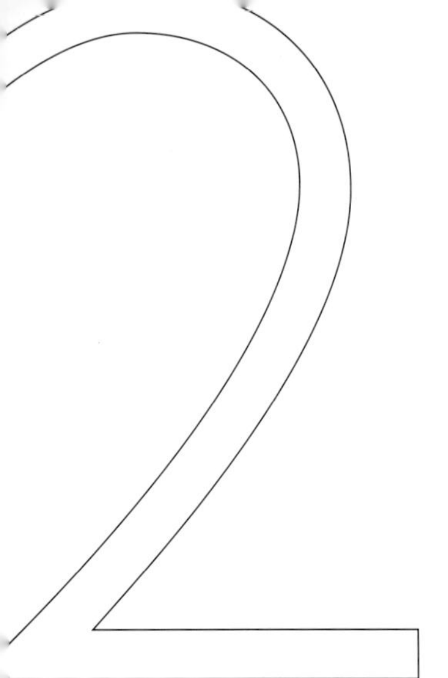

2. 与丛林一起生活
LIVING WITH THE BUSH

澳大利亚文化的矛盾性在第一章已论述了，这种矛盾直接影响了设计景观。“bush”一词在澳大利亚同时被用来描述种有乡土植物的乡村和城镇居住区以外的广大地区。“走进丛林”就是远离了人类文明[1]。一方面，丛林被澳大利亚人看作是具有象征意义的地方；另一方面，又被看作是远离人类气息的景观，人类不能经常去活动的地方。事实上，尽管居住区一开始是在森林茂密、物种多样的土地上建起来的，但由于人类的居住，导致丛林在渐渐地消失，取而代之的是高楼、道路、步行街以及外来植物和草坪。引进的花卉目前在东南部各州的所有植物中占有四分之一甚至更多[2]，而且在居住区内的分布密度是最高的。

80%的澳大利亚人居住在城市中，据估计，由于人类的居住需求、工业发展、交通运输和农事耕作，澳大利亚东部温带地区约有90%的乡土植被遭到破坏和干扰[3]，桉树林尤其脆弱。单从不断发展的人类文明的利益来看，这一过程似乎是合理的。

本章介绍的是景观设计师提出的与以前完全相反的新观点，他们认为在居住区景观中，应保留丛林，尤其是桉树林，并将其营造成居住区景观的有机组成部分。这些景观设计师对他们工作地的丛林非常熟悉，对其特性也很了解，他们把丛林的积极作用应用于设计中，把丛林景观作为一个整体来考虑，而不是使其远离人类的文明圈；把它放在最重要的地位，而不是作为人类努力的陪衬[4]。

澳大利亚绝大多数的设计景观是从砍伐天然植被的过程中产生的，消除那些不规则的特征，如参差不齐的岩石、突兀的悬崖和裸露的地表，尽管有很多特征是当地现存景观所特有的也毫不留情。设计景观需要定期的、经常性的灌溉，哪怕是在降水无法预测和非常稀少的情况下也必须如此。这些形式中，重建了波状起伏的几何式景观或平面对称式的经典园林景观。这些景观强调水的作用，展示了引人注目的外来标本乔木、灌木和花坛。在澳大利亚，设计景观沿袭了传统的造园手法——通过栽培驯化使一些植物种类从野生品种中分离出来[5]。这些景观被看作是远离荒野和丛林的避难所[6]，含有一点自然的味道，但后来，这些地方的自然环境逐渐变得不再为人们所接受，甚至人们不愿在那里工作了。

尽管澳大利亚的植物种类很丰富，但构成澳大利亚的丛林林地、健康的小桉树很具典型性，然而人们认为这些景观是不整齐的，无趣味的、单调的、朴素的、不可知的[6]——所有与正常设计语言相反的形容词。这类贬义词主要用来描述丛林景观，尤其是桉树林，这些词的使用不能仅仅归因于对这些事物的无知，也不能归因于历史。这些词在20世纪中期仍被使用，当时充满智慧的杰出的环境问题评论家、建筑师罗宾·博伊德（Robin Boyd）认为，他所看到的景观是与丛林的单调、贫乏一样成问题的。他的一本影响力较大的书——《澳大利亚的丑陋》(The

Great Australian Ugliness），于1960年出版，极大地促进了居住区景观的设计和发展[7]。

实际上，植物种类的差异性表现在，有14个科的开花植物要比其他国家的更具地方特色，仅维多利亚就有约270种兰花，而整个北美大陆只有165种，欧洲只有116种[8]。在物种丰富性方面，澳大利亚是全世界12个物种多样性程度最高的国家之一。这12个国家总共拥有全世界种类资源的将近70%，而澳大利亚的许多种类在其他地方是没有的[9]。

纵观澳大利亚的历史，有个别设计师向传统的、破坏丛林的行为提出了挑战，通过他们的设计景观，力求使澳大利亚的自然景观与居民之间的关系更亲近、更融洽。他们探索了一条与众不同的道路，对传统的景观和园林设计加以选择、利用、修改，创造出受人喜欢的、人们能够理解接受的景观，因为这种景观赋有当地的自然特色。他们在新的景观布局中艺术性地选择了各种要素，加以合理安排，将丛林的个性与不规则性融于设计中，而不是将这些特性一笔抹杀。他们借用自然景观的特色，使之成为设计景观的一部分。他们以小中见大的手法重塑了更加壮丽的、更加使人振奋的美景，使这些景观更易接近，更易为人们所熟悉。他们将自然界和建筑界的造景要素、造景手法和布局形式应用于景观改造中。总之，他们广泛采用了伟大造园师的所有传统造园手法，使澳大利亚的自然景观的特色充分表现出来，呈现出一派新的气象。对这些设计师来说，自然景观，尤其是丛林与我们居住地的融合已达到了顶峰，他们仔细倾听大自然的诉说，认真地对此作出回应。有些人甚至将丛林看作是具有美感的、文雅的地方，引发人们去探索大自然，使人类与自然界的关系更加和谐[10]。

其他人向这种设计方法提出了疑问，认为其结果只能是幼稚的、毫无艺术性的，甚至只能是画中的点缀景观。他们认为这些设计师的观点是虚幻的浪漫主义观点[11]。然而，这些设计师的实践和成功，对住宅景观的发展具有重要意义，这也是对自然界的一种回应。这些具有艺术性、最具想像力的景观是很受欢迎的，不断吸引着人们的目光，它们确实向人们展现了另外一种风格的景观——一种与普通景观截然不同的、受人欢迎的、令人满意的新景观。

在20世纪前半叶，埃德娜·瓦林（Edna Walling）的景观设计作品是澳大利亚景观特色的真实反映，很具创造性，尤其是具有地方环境特点的那些景观[12]。她不仅采用了外来植物种类，还采用了桉树、岩石、石雕、砂砾等，创造出一个独一无二的人工景观和自然景观相结合的完美作品。在维多利亚州，埃利斯·史东斯（Ellis Stones）和戈登·福特（Gordon Ford）沿袭了这一风格，他们将注意力集中于地方性的更小规模的景观，采用的景观元素构成了空间变化、空间过渡和视线焦点。尤其是他们的设计使人步移景异，人们将目光转移到一段斜面、一条洒满阳光斑点的土路（戈登·福特称之为“丛林地面”）、一条小溪，最终是一个有树、岩石和其他植物的综合空间[13]。这些园林界的先驱们与他们同时代的传统设计师一起，使传统的空间营造、建筑选址和道路设计手法发生了改变，创造出了与其立地条件严格对应的新的居住环境。

他们也积极地鼓励耕作和使用乡土植物种类，支持专家营建苗圃，将不常见的乡土树种应用于设计景观中，使人们能够亲近它们，熟悉它们。

毫无疑问，对这些先驱者来讲，我们与丛林生活在一起是更文明了，而不是退步了。他们提出要将设计景观作为一个联系的纽带，鼓励人们去关注更深层的景观的价值和品质——景观内在的特征所具有的价值和美感。他们似乎在暗示，这些特点是能够被理解的，只要作品能够真实表达设计者的思想。

The park adjacent to Illoura Reserve at Balmain showing typical park design prior to Mackenzie's exemplary works nearby – flat grass platforms, concrete walls and metal play equipment.

在巴尔梅恩区伊洛拉保护区附近的公园展示了典型的公园设计形式，平整的草坪、混凝土墙、金属制成的活动设施

虽然这些设计师的作品向我们展示了另一种表现手法，但对于他们所创造的仅有的几个具有地方特色的环境景观并没有多大影响，这些设计仅仅表现了城市和郊区的居住区景观。然而，它们确实影响到了下一代的设计师和风景园林师。这些后辈设计师们设计的景观强调丛林景观语言的词汇和语法，他们的设计已不再是最初的小规模试验了，而是大范围的景观设计实践，包括房地产开发区和郊区景观，采用的是整体性设计，有公园、道路、河流以及私家花园等景观要素。这些工程体现了日常生活景观与丛林亲密接触的思想。通过这些景观的艺术性展示说明，丛林的特点和价值可以在更大范围内得到肯定和赞同。这种说明和亲密接触是很重要的，它承认了丛林景观是澳大利亚住宅景观中合理和有用的组成部分。

当一个景观设计要表现一定的地方特色时，那么该地的特色景观，无论它是自然的还是人工的，都将被选作标志性元素而成为新的景观布局中的焦点或主体[14]。这些要素成为当地的象征而倍受推崇，具有了纪念价值，成为当地的象征。那些如画的、经典的、充满异域风情的景观是澳大利亚早期的主要景观形式，它们是一种对远离“家乡”的景观的纪念。在最近的设计中，丛林本身受到了人们的欣赏而成为代表性景观。本书将讨论这种颇具特色的设计形式，以说明这一过程是如何发生的。

在悉尼，砂岩雕塑的永恒品质、海岸边葱郁的林地结构和色彩，成为布鲁斯·麦肯齐设计的海滨公园的代表性景观，这是20世纪70年代为新南威尔士州的海上服务处设计的。公园的第一部分是的伊洛拉保护区（Illoura Reserve），然后是在附近桦木林旁的朗诺斯角（Long Nose Point）。多年来，这些公园在悉尼城西工业密集的莱卡特郊区（Leichhardt）是首屈一指的。在悉尼城西，公园设计的传统形式仅仅是平坦的草坪和一些活动设施，其他什么也没有。麦肯齐发现了大量的工业废弃物，并充分发挥其潜在的价值，应用于设计中，展示给人们观赏，同时为行人提供了便利和娱乐空间。

由开采的砂岩形成的墙体和砂砾铺成的道路与主体植被一起共同构成了景观的整体布局。人工的和天然的组合在一起，表现了当地的地质景观和自然进程，也引起人们去关注那些展现人类巨大成就的故事——港湾大桥和城市轮廓——它们是故事的主要构架。在景观系列中，设计师们有意识地将象征性景观并列组合在一起，加强了时间感和空间感——古老与现代、自然与人工、陆地与水面、地表与天空、运动与静止、开敞与封闭。海滨地带的巨大潜力在景观设计中充分得到了体现，呈现出与海滨公园和地方公园原有景象不同的另一种景观形象[15]。设计师没有削平起伏的地形，也没有改变原有的植被，而是将两者巧妙地应用于设计中，由此创造出了一种对后来颇具影响力的新型设计形式。

Illoura Reserve. Generous sandstone steps disappear around a boulder and fig, inviting further exploration. The play of light, rustic materials and emphasis on spatial mix create a variety of spaces and experiences.

伊洛拉保护区。宽阔的砂石台阶消失在卵石堆和无花果树的尽头，吸引着人们去进一步探索。光线的作用、乡土材料的运用和重要的空间组合创造出变化无穷的空间效果和身临其境的情感体验

Illoura Reserve. The sunny central grass space contrasts with the shady paths and lookouts. She-oaks at the water's edge frame views to the busy waterway, city and bridge.

伊洛拉保护区。阳光普照的中央草坪与遮荫的小路和瞭望台形成了对比。水边的木麻黄树林形成景框，框出远处繁忙的运河、城市和大桥等一系列景观

The old slipway at Long Nose Point with its framing she-oaks and gravel surfaces now provides a great setting for experiencing the harbour.

朗诺斯角。古老的滑路、木麻黄林和砂砾地面，为游人游历港口提供了一个巨大的背景

Long Nose Point viewed from the south across the harbour prior to development as a park in the early 1970s. The sandstone has been cleared of industrial buildings and works areas. The old slipway and jetty are visible to the right.

20世纪70年代的朗诺斯角，在公园还未建成之前从南面横跨港口看到的景象。砂岩被工业建筑和作业区域占领了。从右边可看到古老的滑道和防波堤

Long Nose Point.
The design plan by
Bruce Mackenzie and
Associates, 1974.

朗诺斯角。1974年由布鲁斯·麦肯齐和联合公司规划的平面图

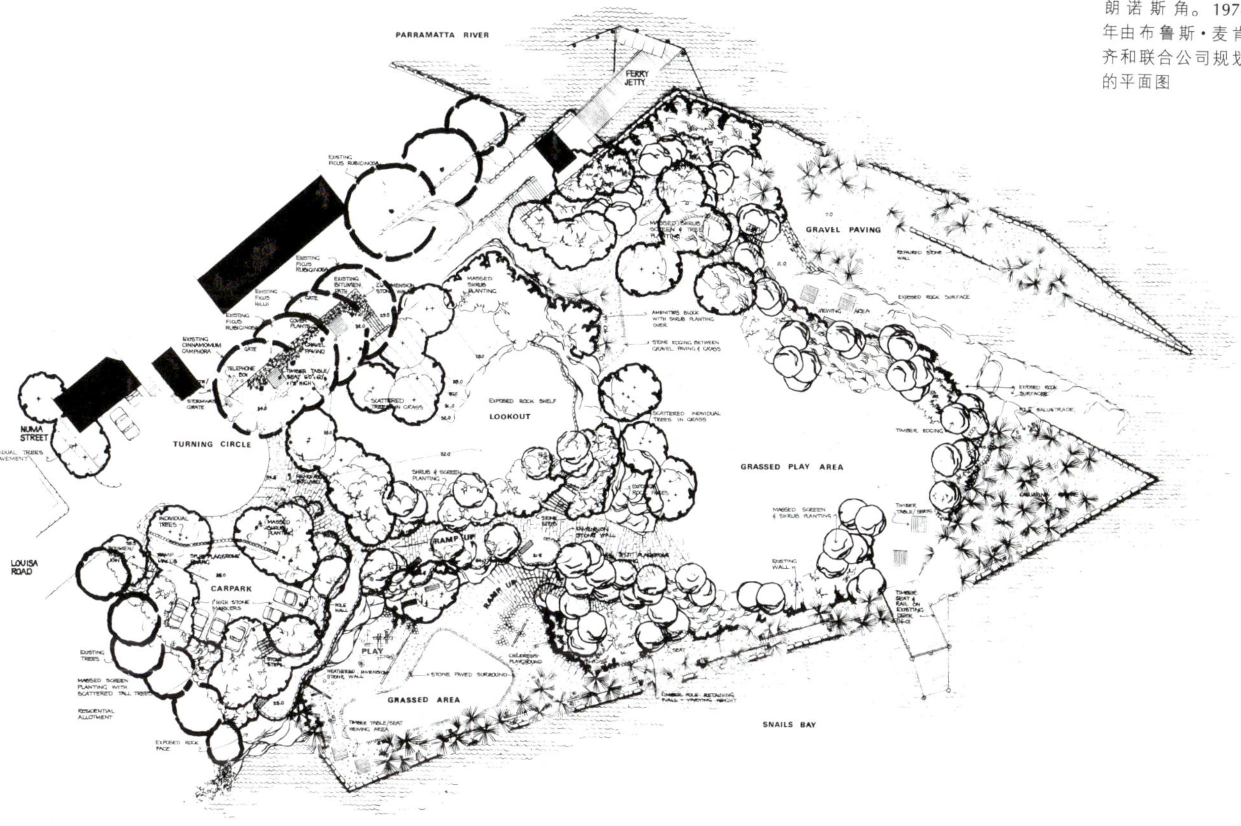

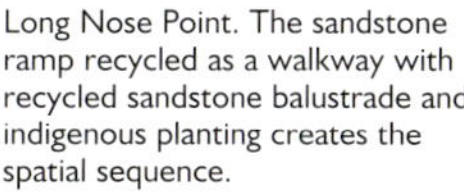

Long Nose Point. The sandstone ramp recycled as a walkway with recycled sandstone balustrade and indigenous planting creates the spatial sequence.

朗诺斯角，蜿蜒的砂岩坡道、弯曲的砂岩矮墙和自然的植物配置一起共同营造了独特的景观空间效果

Long Nose Point. The sheltered sitting space at the park's crest perches on the exposed sandstone. Surrounding planting frames glimpses to the surrounding waterways.

朗诺斯角。公园山顶上的隐蔽休息空间设在暴露的砂岩上。从周围的植被缝隙中可以瞥见附近的运河

Eucalyptuses and understorey planting provide the frame and theme for the driveways and pathways, clusters of medium-density housing and recreational areas at Vermont Park.

在佛蒙特公园周围，桉树林和下层植被构成了私家车道和人行小道、成群成组的中密度住宅区和休闲娱乐区的框架和主旋律

在墨尔本东部佛蒙特公园（Vermont Park）的房地产开发区中，大地顾问公司的史蒂夫·卡尔霍恩（Steve Calhoun）选择种植了不少种类的桉树，为每一个住宅区提供一个中心象征物和名字，例如：Maculata、Nicholii 和 Citriodora 住宅区依次按斑皮桉（*Eucalyptus. maculata*）、尼科桉（*E. nicholii*）和柠檬桉（E. citriodora）命名。每个区都种有相同名称的桉树。此前直到 20 世纪 70 年代，桉树在居住区绿化中应用还非常少，而且栽培驯化工作也鲜为人知，因此在 1977 年的设计中，这些桉树因其生长具有可预测性而得到了应用。它们明晰的树形、与众不同的颜色向那些“不定形的”、“单调的”描述提出了置疑，正如前面已经讨论过的，这些描述往往被认为是对桉树最典型的美学评价。

桉树在更大的或更小的范围内生存下来，为格雷厄姆·贡恩（Graham Gunn）朴素的平台建筑提供了雕塑型框架，同时又是建筑相对拥挤的空间环境与丛林理想形式之间的协调模式。这类树种很具艺术性，与群植的植物种类一起，与水平的景观形成纵向的对比，成为熟悉的日常环境中的代表树种。在这个开发区有 3 幢公寓，由很具眼力的房产开发商——商建公司建造[16]。

位于悉尼市中心北面莱恩科夫的贝斯特街区（Best Street, Lane Cove），300 座公寓及所有的配套设施——道路、服务中心、游泳池——是在 20 世纪 80 年代早期设计的，建造在雕凿出来的砂岩斜坡上。开发区安排得很紧密，这样可以将以前制革厂区内的林地斑块保存下来。蜂蜜色的砂岩峭壁，壮丽的悉尼红桉树及其树干橙红色和灰色的季相变化，艺术性地应用于整个布局中，砖建筑物的颜色可以协调二者的色彩变化。红桉树被奉为悉尼砂岩丛林景观的生存特征和生命象征。尽管贝斯特街区的生命景观很密集，但它同佛蒙特公园一样，也是由景观设计师埃特蒙（Edmond）、布尔（Bull）和考克利（Corkery）设计的。他们主张，那些居住在具有天然艺术性地方的人们，应当在日常接触中去欣赏景观[17]。

Best Street, Lane Cove. Townhouses and apartment blocks are sited to overlook the regenerated waterway and provide the interface with the adjacent parkland.

莱恩科夫的贝斯特街区。城镇住宅和公寓街区坐落在能眺望人工水道的地方，能够接触到附近的公园绿地

Best Street, Lane Cove. Roadways and residential buildings are sited to retain existing vegetation, express the dramatic sandstone topography and provide a frame of indigenous vegetation for the 300 dwellings.

莱恩科夫的贝斯特街区。道路与居民住宅的选址原则是：保留现存植被，表现壮观的岩石风景，为 300 座公寓提供以乡土植被为主的景观构架

Best Street, Lane Cove. Intricate site planning creates spatial variety and a sense of intimacy despite the scale, by maintaining planting areas amongst buildings and roads, which frame, screen and provide a play of light and shade.

莱恩科夫的贝斯特街区。复杂的宅址规划创造了空间的变异性和私密性，植被区保留在建筑物和道路之间，产生了光与影的互相作用

Framed views of the surrounding bushland from the living room of the Evatt house, designed by Bruce Rickard, in Warrawee, a northern suburb of Sydney.

从伊瓦特（Evatt）房中的起居室欣赏外边四周的林地景观。伊瓦特住宅由布鲁斯·理卡德设计，位于悉尼北部怀拉温郊区（Warrawee）

由布鲁斯·理卡德（Bruce Rickard）在悉尼北部的岩石悬崖上设计的房屋和景观将丛林邀请到规划中，作为生活区永久的一部分。丛林不仅是乡土植物生长的背景，而且是其不可缺少的一部分。开阔的玻璃窗和移动门使树林成为室内活生生的富于变化的壁纸，它们有许多的季相变化和各种不同的日常情态。树皮的变化、树叶的变化以及光线的变化，在四季交替时期都能欣赏到。生活区外部铺有草坪，或直接从住房墙基处开始铺装地面，设置矮墙和边线，勾勒出附近完整保留的森林观赏空间。在此，设计师认为未改造的砂岩地形、树林、地被植物本身是非常引人注目的，并将它们设计在一系列的观赏视窗和入口景观中。景观设计所采用的是那些风景优美、观赏角度好、可以借景、可以控制景观欣赏方式的景观设施。景观是需要欣赏的物体，它与生活空间的关系密切，这也使景观的周期性和特点为人们所熟悉所了解。因此，设计师提出了这样的观点：丛林根本不单调、不乏味，相反，是一种自身颇具戏剧性的经常会发生改变的风景[18]。

在同一地区，一个露天剧场在树林中被开辟出来了，成为沃龙加林校（Wahroonga Bush School）剧场和日常活动的常用设施。在这个设计中，哈里·霍华德认为林地是校内居民生活的理想地。其中心观点体现在20世纪70年代霍华德设计的更大规模的景观中，当时他在莱恩科夫区（Lane Cove）城市化进程的主要时期担任莱恩科夫区议会顾问，设计并监督街道、公园、城市广场的改造。他并不认为公寓和市政厅的密集发展是选择更具文化性的或更城市化的景观形式的原因，相反，霍华德促进了一种新景观的发展，这种景观是建立在当地残余森林的典型植被基础上的。莱恩科夫区在20年中已形成为悉尼砂岩上独一无二的城市化乡村（urban village）。现在，各式各样的城市建筑、别墅、公寓正与当地的标志性树种——桉树在陡峭的斜坡上交相呼应。乡土植物在改造后的林地环境中生长着，丛林不再被种植在边缘地带，它是文明生活的理想环境。随着建筑密度的急剧增大，现在莱恩科夫区的生活环境是非常受欢迎的。（霍华德在莱恩科夫区的作品将在第6章中讨论）

Murray Street, Lane Cove. Typical redevelopment with unit blocks before reforestation of streets and creation of reserves.

莱恩科夫区默里街（Murray Street），街道边的新造林地和保留地前面是很具代表性的二次开发区和单元街区

At Helen Street, Lane Cove high-density residential now nestles amongst the re-established woodland.

莱恩科夫区海伦街（Helen Street），高密度住宅区现已置身于重建的林地中

The reserve at Helen Street, Lane Cove, an informal recreation area amongst the high-rise residential development.

莱恩科夫区海伦街，保留林地在高层住宅开发区中，是一块非正式的休闲娱乐区

Views from the rehabilitated Skeleton Creek open space to the surrounding new suburban development.

从复原的斯凯雷顿河可以看到新建的市郊开发区周围有大片的开放性空间

在墨尔本西部的广阔平原上，建起了勃德沃克房产开发区（Boardwalk Estate）和斯凯雷顿河（Skeleton Creek）。GBLA 的景观设计师们设计了一个分区，恢复了小溪和防洪渠（切入平原中），成为正在发展中的新兴市郊小区的焦点。以前被看作是当地风景中退化的无趣的景观，现在已被艺术地重建为当地原始景观的象征。重建的小溪使人回想起草原上曲折环绕的溪流，以及受到威胁的植被——澳大利亚内陆河边的美丽的赤桉（Eucalyptus camaldulensis）树林。这一设计认为亲密接触能够鼓励人们去欣赏和接受当地的自然景观。廉价的现代别墅（约 1700 座，设计人口数为 5000 至 6000 人）、骑自行车兜风的孩子和郊游野餐的夫妇与小溪周围的环境及附近湿地融为一体，这又是地方性公园的另一特色。人们原来认为墨尔本的这一带缺乏景观特色和活力，而现在这一设计对此提出了质疑，展现了另一种具有地方活力与价值的景观。虽然居民们喜欢这种田园式的景观，但他们仍然反对采用类似的方式去装扮他们的私家花园和街道，因为在这些地方外来植物和草坪仍很流行。（在第 4 章中也会看到）

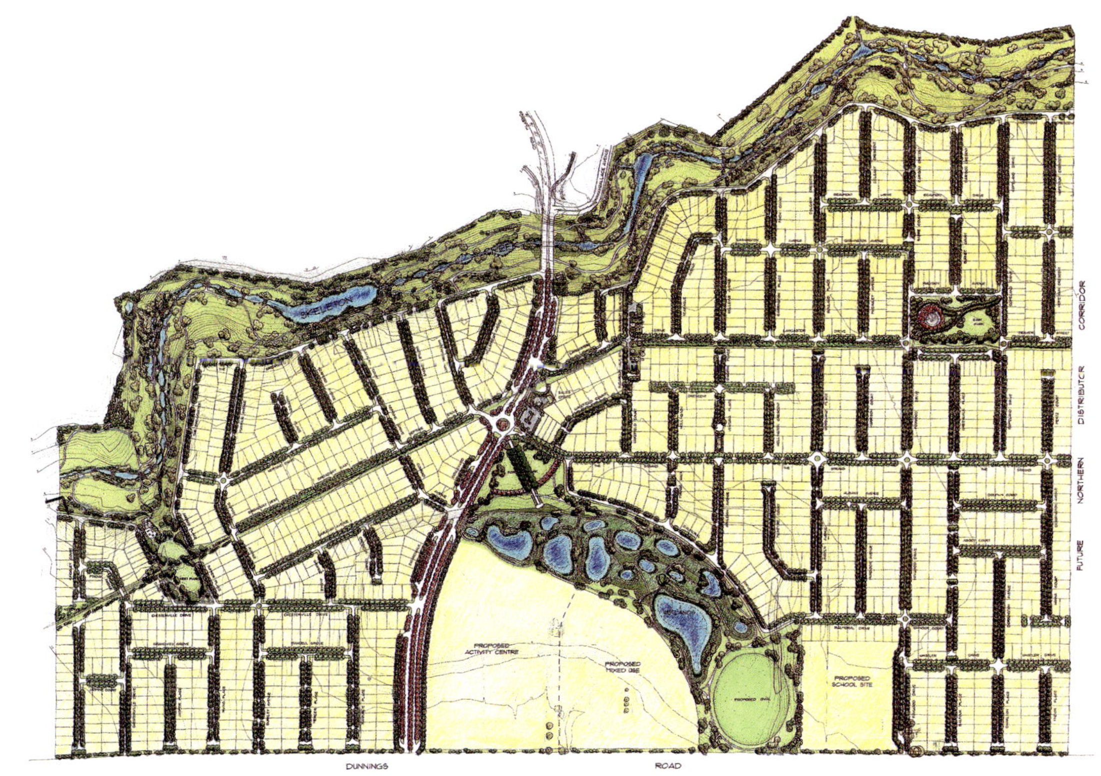

Boardwalk Estate, Point Cook. The estate plan by GBLA, 1997, showing the lot and road layouts, the planned rehabilitation of Skeleton Creek and the centrally located park with its wetland.

库克角（Point Cook）勃德沃克房产开发区，1997 年由 GBLA 规划的平面图，展示了住宅区块布局、道路布局、斯凯雷顿河的重建规划及中央公园和湿地的规划

在珀斯（Perth）附近的曼杜拉码头（Mandurah Quays），托尼·布莱克威尔设计了一个滨水居住区，在皮尔湾处建造了一个水湾，成为450座住宅群中的焦点。这一设计提升了现存桉树林（有许多在开发过程中被保留下来了）和水的价值，通过道路、划船区、住宅区和滨水区之间的联系将水应用于设计中[19]。通过规划、设计、选址，鼓励居民们去亲近区域保护区内的湿地，发现其内在的自然价值。

住宅区、道路和生活配套设施巧妙地设置在保留下来的林地中，运用了所有的技术和必要的养护措施，使树木得以生存下来。如画的美景成为设计中的有机组成部分，提高了桉树林的价值，保留林地为住宅区、道路及前面的平静水面提供了自然的空间结构。

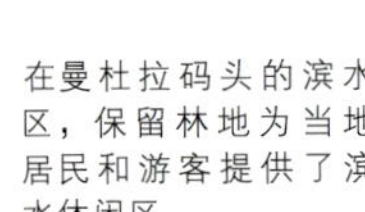

在曼杜拉码头的滨水区，保留林地为当地居民和游客提供了滨水休闲区

The waterfront at Mandurah Quays where the retained woodland provides waterfront recreation areas for local residents and visitors.

Suburban development typical of Perth's southern corridor. A landscape where the existing vegetation has been removed and never replaced.

珀斯南部景观廊道典型的市郊开发区。现存植被已被砍伐了，景观永远不会恢复了

Mandurah Quays. Roads, infrastructure and houses were sited amongst the retained remnants of the original vegetation, providing shady streets and plenty of character (second and third photographs).

曼杜拉码头。道路、基础设施和房屋坐落在保留下来的植被中，树木为街道提供了遮荫，形成了自己的特色。（第二、第三张图）

The boat harbour and retained trees at Mandurah Quays provide a framework for the new houses, walkways and cycle paths.

曼杜拉码头。船港和保留树为新房子、人行道和自行车道提供了基准框架

The spectacular pool at the Ramada at Palm Cove, set in the retained paperbark forest.

棕榈湾的拉马达（Ramada）。壮丽的水池设置在保留下来的白千层树林中

The streetscape of Palm Cove dominated by the ancient paperbarks, retained rather than removed during its redevelopment as a tourist village.

棕榈湾的街景主要是古老的白千层树，在该村发展为旅游村时仍被保留下来，而没有遭到砍伐

最后，在澳大利亚偏远北部的棕榈湾（Palm Cove），即在凯恩斯郊区的北部边缘地带），第一座国际宾馆于20世纪80年代早期在该地海边的白千层树林中建造起来了。当时人们认为棕榈树景观能为新的国际旅游活动提供一个景观环境。而大地规划公司凯恩斯园林分公司的尤金·赫伯特（Eugene Herbert）提出了另一种与随处可见的棕榈树景观完全不同的景观形式。他没有将白千层树移走，而是创造性地将它们保留下来，作为基调树种（大规模地种植该树种）。大型的自由式的水池和接待室置身于一个古老的白千层森林中，使客人能够领略到其他任何地方所没有的风光[20]。这个开发区是在20世纪80年代中期设计建造的，有人认为这种建造形式已对这个小旅游区发展自身特色产生了影响，因为事实已证明：建筑、道路和白千层树能够和谐地、紧密地生活在一起。在开发过程中没有伐除巨大的古老的白千层树林（生长在这个隐蔽的水湾），这片树林已与开发区融为一体了。

隐含在所有这些设计中的推论是：公共区域的设计景观（篱笆围起来的私人庭院以外的区域）不应当被认为是传统意义上的花园。虽然这些公共景观是创造出来的艺术作品，需要养护，但连续的、集中的栽培管理措施（除草、浇灌、再植）是不需要的。在这些地方，自然进程被有目的地重复着，以代替和减少集中的园艺工作。他们主张自然应当被呵护，并与之一起生活，而不是去消灭它、控制它。

虽然设计景观需要园艺技术来维持生存，但在本章中讨论的景观减少了对这些技术的依赖，因此在能源消耗上相对比较经济。它们通过园艺以外的其他方式，促进了人类与景观间的交流，为人类生活的其他方面，尤其是休闲娱乐提供了一个有力的环境。澳大利亚大多数土壤是浅薄和贫瘠的，不能采用传统的栽培方式，缺水和降雨的无规律性又增加了另外的障碍。当风雨真的来临时，经常耕作的土壤加速了地表径流和侵蚀。化肥往往对乡土植物的生长不利，而且会使杂草滋生。这些问题必须使我们的景观设计师们知道，它们是不容被忽视的。

例如，贝斯特街区是建立并维持在无灌溉系统基础之上的，约瑟夫·班克斯爵士公园（Sir Joseph Banks Park，在第7章将进一步讨论）也是如此，它是一个展现海滨沙丘和礁湖景观的区域，在植物学湾（Botany Bay，照片和平面图见第7章）开垦的沙土上发展起来。在布鲁斯·麦肯齐早期的公园设计中，他主张，长期受到轻视的沙丘、白千层森林和沼泽地应当获得更高的评价，这些景观是澳大利亚海滨地区特有的，但现在已完全消失了。布鲁斯·麦肯齐采用风景画派景观设计的传统布景技术，结合当地资源（沙、健康海岸和咸水湖等），创造了一种倒映的宁静的景观。他提出，这些传统认为是没有价值的沼泽地应当成为更大规模的景观，应当具有永恒的品质，使住在周围工业化郊区的居民能够接受和体会到。平静的咸水湖和长满青草的沙堤在很大程度上是不需要人工养护的，这也为人们提供了静思的机会。自行车道和人行道为人们提供了体验次生白千层林的神秘特点的机会，森林也是其他物种的栖息地。

在这些工程中，在与景观的对话中，设计师非常看重景观的地方特色和历史价值。他们了解当地的景观要素及其发展进程。这些要素被改造成设计语汇，应用在新的景观格局中。不管设计的时间是早是迟，这种设计都传达出了对现存景观或原始景观原有面貌的尊重，同时也表达了要提高景观价值的愿望，使它们成为生活环境中合情合理的一部分。这不只限于保留或种植植物，它还包括所有的自然要素——水、土壤、地形和地质；还包括所有的建筑环境——道路、桥梁、建筑、围墙、河流和铺装；还包括更广阔的环境——林地、平原、水域和城市。在这些新的设计景观形式中，仍然采用的是传统景观建造师的营造技术，并且已经证明，这种设计方式是适合当地原有景观的，也是符合现代生活需求的。

隐含在这些设计中的观点是：把整个世界看作是一个花园、一种幻想。因为从理论上讲，花园需依靠人类的栽培管理才能生存，它全部的需求是资源和能量。虽然这种形式可能适合于人口稠密的地方（这里有许多景观已成为园艺措施的产物），但这些设计暗示出，这些景观在澳大利亚是不太适合的，从根本上讲，绝大多数地区是不适合采用这些形式的，这一点已得到证实。这些设计师设计的新景观很繁茂，不需栽培养护、不需额外的土壤和水分，这些景观常常是受到轻视的乡土植物和动物的生存条件。通过这些景观，他们主张有必要取消花园能耗集中的传统栽培措施。他们期待着其他人也能这样做，形成一种景观设计的传统：结合当地生态环境的复杂性和无规律性，综合考虑各种不同的经营管理问题。

有这样的一种景观，重新定义了我们结合自然进行景观设计的方式，这种景观更少地以人为中心，使用更少的水和化肥，使当地的动植物能够正常地繁衍生息，这种景观甚至保留了更大范围的林冠层和地被层，通过各种方法（包括冷燃处理）来减少天然林火的威胁，因为天然林火不仅威胁森林，而且也威胁到动物和人类生命财产的安全。这种景观效果常需通过设计和经营来取得。尽管这些设计景观似乎比艺术作品更自然，但它们确实是极具艺术性的。设计这些作品的景观设计师倾听当地的声音，并在设计中提出了各种新颖的方式，使澳大利亚人能够与原始丛林形成更亲密、更健康的关系。正如2002年元旦所显示的那样，丛林自身也需要更多来自与之一起生活的人们的关心——不仅是在了解其生境特点、产生共鸣基础上的关心，而且是在了解人类自身特点基础上的关心。

ENDNOTES

1 *The Macquarie Dictionary*, 3rd edn, The Macquarie Library Pty Ltd, New South Wales, 2001.

2 Department of Environment, Sport and Territories 1996, *The National Strategy for Conservation of Australia's Biological Diversity,* Commonwealth of Australia, Canberra, p. 46.

3 ibid., p. 46.

4 In chapter 9, 'New Land, New Language: Shifting Grounds in Australian Attitudes to Landscape, Architecture and Modernism, 1940–1960', Treib, Marc (Ed.) 2000, *The Architecture of Landscape*, University of Pennsylvania Press, Philadelphia, Philip Goad describes the tendency during that period for architects to use the bush as a backdrop for their designs.

5 Bull, C. J. 1997, 'Out of the Garden and into the Landscape', *Artlink,* vol. 17, no. 1, Artlink Australia, South Australia, pp. 26–9.

6 As discussed in the previous chapter, such adjectives have been commonly applied. Examples are explored by Serle, G. 1973, *From Deserts the Prophets Come. The Creative Spirit in Australia 1788–1972*, William Heinemann, Melbourne, chapters 1 and 6, and in Bonyhady, T. 2000, *The Colonial Earth,* Melbourne University Press, Melbourne, chapter 6.

7 Goad, op. cit., refers to a quote by Robin Boyd in a review of his book in *Architecture Australia*, March 1961, Architecture Media Pty Ltd, Melbourne, p. 102, by Milo Dunphy.

8 Department of Environment, Sport and Territories, op. cit., p. 45.

9 Environment Australia 1998, *Biodiversity: Nature's Variety, Our Heritage, Our Future, at a Glance,* Environment Australia, Canberra.

10 In their comments on the life of Alistair Knox (*Landscape Australia,* no. 4, 1986, Landscape Publications, Victoria, p. 320) Geoff Sanderson and Bruce Mackenzie describe how Knox saw the bush as something to live with, rather than fear, and influenced many through his work in the Melbourne suburb of Eltham. Gordon Ford in his discussion of a eucalypt, for example, describes it as an object for meditation and considers that a bush garden encourages awareness at the 'micro' level, of the 'macro' environment (Ford, Gordon & Ford, Gwen 1999, *The Natural Australian Garden*, Bloomings Books, Melbourne). Bruce Mackenzie discusses the bush as a place where he learnt not only about nature in an intellectual or abstract sense, but to 'love' the indigenous environment in the terms he quotes Alistair Knox as using '... we can become obsessed' (Mackenzie, B., 'An Australian Design Ethos', *Landscape Australia,* no. 2, 1996, Landscape Publications, Victoria, pp. 123–2).

11 Goad, op. cit., coins and develops the term 'artless naturalism' in his discussion of the development of Australian landscape design style between 1940 and 1960.

12 The popularity of Edna Walling's many books and gardens in the years since their creation is notable. Many have been in print almost continually since their initial publication. She published books on Australian gardens and their design as early as 1946, including *Gardens in Australia: Their Design and Care,* Oxford University Press, Melbourne, 1946 and *Country Roads: the Australian Roadside,* Oxford University Press, Melbourne, 1947.

13 Ford & Ford, op. cit. and Yencken, D., 'Edna Walling and Ellis Stones' in *Landscape Australia,* no. 4, 1997, Landscape Publications, Victoria, pp. 391–6.

14 See Potteiger, M. & Purinton, J. 1998, *Landscape Narratives: Design Practices for Telling Stories,* John Wiley & Sons, Inc., New York, especially chapter 1, for a useful discussion of the tropes employed by landscape designers to establish meaning in their designs.

15 For descriptions and discussions of Long Nose Point see *Landscape Australia,* no. 8(2), 1988, Landscape Publications, Victoria, p. 114–15 and *Architecture Australia,* no. 71(6), 1982, Architecture Media Pty Ltd, Melbourne, pp. 4–41. For Illoura Reserve (originally known as Peacock Point) see Mackenzie, B., 'Alternative Parkland: Capturing and Establishing the Mood-Experience of Remote Natural Places', *Landscape Australia,* no. 1, 1979, Landscape Publications, Victoria, pp. 19–28.

16 David Yencken, later Elisabeth Murdoch Professor of Landscape Architecture at the University of Melbourne, established and was a director of Merchant Builders.

17 The landscape architectural team for this project included myself as partner in charge, Jane Coleman as project landscape architect with Helen Evans. Tina Harding and Christine Murphy also contributed. The buildings were designed by architects Ancher, Mortlock and Woolley and site planning was the combined responsibility of landscape architects and architects.

18 Taylor, J. 1986, *Australian Architecture Since 1960,* Law Book Company, Sydney.

19 See Blackwell, T., 'Two Comparative Water-based Developments', *Landscape Australia,* no. 4(22), 2000, Landscape Publications, Victoria, pp. 318–23. Also see Hobbs Winning Australia, 'Housing Projects: Mandurah Quays Residential Resort', *Constructional Review,* no. 2(69), May, 1996, Concrete Association of Australia, New South Wales, pp. 8–15.

20 For a description and discussion of Ramada Reef Resort, see Herbert, E., 'Site Responsive Design in Far North Queensland', *Landscape Australia,* no. 2(9), 1987, Landscape Publications, Victoria, pp. 99–106, and 'The Business of Leisure: Ramada Reef.' *Belle*, no. 78, Nov/Dec 1986, Australian Consolidated Press, New South Wales, pp. 180–1.

3. 遥远的黑树桩
BEYOND THE BLACK STUMP

当描述澳大利亚大部分内陆地区是如何偏远时，沿海地区的澳大利亚人常将这种无法形容的地方称为“遥远的黑树桩[1]”。黑树桩代表的景观是那些因反复的火烧而留下的已恢复活力和生机的树干，在随后几十年中，便成了像哨兵一样矗立的景观。对澳大利亚人来说，用黑树桩比喻的遥远就是特指该国最最远离文明的那部分地区，这一词语可以形容澳大利亚除人口最稠密的东南和西南地区以外的每一个地方。

这些遥远的地方总是被新移民想像为具有很大潜力和希望的景观地，在那儿沙漠或丛林有可能会很繁茂——只要有办法改造它们，就像美国西部那样。当然这种改变只是时间问题而已。

这种荒芜的景观往往与期望的相反，它拒绝接受移民，仍然保留了巨大的、相对空旷的空间，这里占澳大利亚大陆面积的60%，但到现在为止仅容纳了5%的人口[2]。在经历了19世纪的人口增长以后，内陆地区人口的逐渐减少已成为20世纪的一大特征。在我们所谓的现代澳大利亚时期，那些远离海岸线的地区演绎着一部自暴自弃的历史——重复循环着期待、尝试性居住、拒绝和绝望[3]。这些故事的纪念物仍保留在当地的景观中，等待旅游者去发现——也许是锈蚀的耕作或采矿的工具所形成的干红景观；也许是空旷沉寂平原上的一个孤单的围着致密篱笆的坟墓；也许是破落的村舍长满了浓密的灌木，也许完全就是一个荒废的城镇。甚至在20世纪60年代和70年代，在西部和北部偏远地区为开发采矿所兴建矿业城镇的尝试，到了20世纪80年代和90年代在很大程度上也停止了。现在对许多工人实行的是双周换班工作制，他们从居住地坐飞机去工作，然后再返回，以避免工人们因太偏离他们的生活环境而产生麻烦。

尽管当时的规划师和景观设计师做出了很大的努力去开辟居住地，但这对当地每年降雨量只有20mm的地方是非常困难的。他们的努力包括认真细致地选址，在开发中保护大片的植被，制定乡土物种的繁育计划，包括在公共区域内大规模地植树，确保私家花园的健康。更有支持力的自然景观如西坎博尔达（Kambalda West），在西澳大利亚州珀斯以东740km处，琼·弗斯切尔（Jean Verschuer）在那儿重新阐释了典型的郊区景观。这些自然景观还不够多，常常不能保护人类免受社会隔离的痛苦[4]。

这些景观是早期的画家和艺术家很难用适当的艺术形式加以描述的。它们没有得到合理的评价，常常作为反面的主题，在流行的神话、故事和图画中被描述成恐怖之地[5]。这些景观直到20世纪中叶才通过绘画表现出令人注目而有趣的一面，当时超现实主义的抽象的图象语言使艺术家透过绘画传统的限制去探究新的景观形式。于是产生了值得纪念的景观形象，具有神话般的不可知力量，具有巨大的空间效果，征服了那些想居住在此、想对此进行研究的人们[6]。这些景观的形象甚至被比喻为当代人类的状况——在人口过多的世界中人与人之间的隔离越来越强了，而人与自然界的关系又非常脆弱，我

Residential streetscape in Kambalda West; the replanted eucalyptus woodland framing the suburban development.

Kambalda West photographed in 2002 showing the maturing streetscape of retained and replanted indigenous woodland.

西坎博尔达的居民区街景：重新种植的桉树林为城郊开发区提供了景观框架

2002年拍摄的西坎博尔达的图片，展示了保留的乡土树种和它们成熟时的街景

们星球的健康状况也令人担忧——这些景观发现并传达出当代人类普遍的危机感和焦虑感[7]。

这些特色已经吸引了旅游者去澳大利亚偏远地区——去那些俗称为"红色中心"、"远北"和"内地"的地方旅游。他们成群结队地去那些地方体验环境的难驾驭性，并研究那里神话般的特征和景象[8]。自20世纪70年代以来，巨大的喷气式客机使团队旅游和长途旅行大范围地开展起来，游客们被这些地区大量的生动景象所吸引，由此形成了一个广阔的国际旅游市场，更多的游客纷至沓来。长期以来，这些地区在是很偏僻的，人们无法到达，但现在旅行者和观光客都能到达了，他们在那里体验到了与拥挤的日常生存环境完全不同的景观，感受到了那种强烈的对比。

结果，在20世纪的最后10年中，旅游景观成为澳大利亚偏远地区主要的设计景观。那些地区以前还能承受现代生活，常常还能抵制现代社会生活，但现在也需要支援了——通过合理的休假期方式。人们与这些景观一起生活了好几千年，也建造这种景观好几千年了，它们已变成了全国人民和全世界人民注目的焦点。

抽象派前辈画家的开创性艺术研究促进了这些景观的大众化、通俗化，他们惟妙惟肖的风景画使这些地方成为人们脑海中澳大利亚版图的一部分，以前不知道的景观现在知道了[9]。尤卢鲁（Uluru）、帝王大峡谷（King's Canyon）和麦克唐纳山脉（MacDonnell Ranges）的形象以及丹特里雨林（Daintree Rainforest），海湾地带（Gulf Country）和大堡礁（Great Barrier Reef），这些20世纪60年代以前所有鲜为人知的景观现在在国内外都变得家喻户晓了。这种旅游是采用现代市场机制、根据旅客的愿望来运作的，是一种取决于象征力和神秘感的过程。景观的难驾驭性、复原力和差异性与通常的景观形成了鲜明的对比，在当今变化又统一的世界广为流传。

旅游者的使用产生了景观自身的需求，这向景观设计师提出了挑战，使他们重新考虑怎样才能使改造的景观对环境破坏最小，因为环境一次次拒绝了人们想去定居的尝试。这些地方的土著居民过着游牧式的周期性的零星分布的生活，他们能够生存下来，仅仅是因为他们熟知几千年来积累下来的环境知识。土著居民的愿望是远离那些当代的旅行者、观光者以及住在这些地区协助旅游活动的人们。

环境景观公司的迈克尔·尤因斯规划的第一张关于尤拉拉（现在是阿耶尔岩石渡假胜地）乡村景观（包括隔离沙漠区域的篱笆）和发达的景观区域的说明性平面图

Michael Ewings', Environmental Landscapes, first explanatory plans for the Yulara (now Ayer's Rock Resort) village landscape (including fencing of protected desert areas from access) and developed landscape areas.

Ayer's Rock Resort (Yulara). The pedestrian street shaded by tightly sited buildings, shade structures and indigenous planting.

阿耶尔岩石渡假胜地（尤拉拉）。步行街受到稠密的建筑、遮阳篷和乡土植物的遮阴

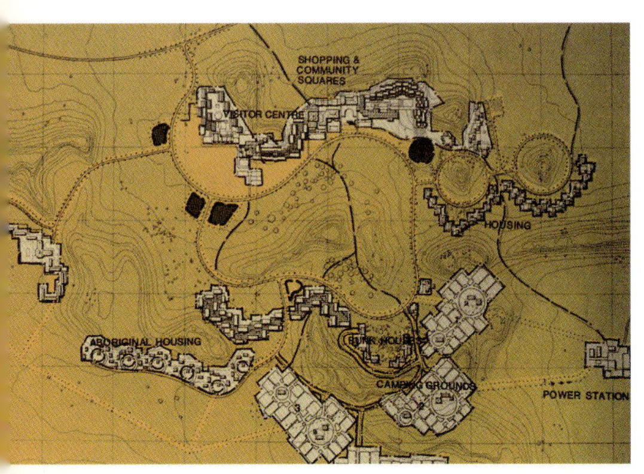

在这些地区，旅游景观面临着挑战，在面对极端气候和隔离时，这些景观具有很强的抵御能力，它们依靠其顽强的生命力与恶劣的自然环境抗争。这些景观以前因为某些原因只有少量保存了下来。因为它们规模广大，地形险峻，环境陌生，所以很难为人所接近，人们不能愉快地去了解它们，因而也就很难理解它们。这些地方是奇特的（多产的）动物和昆虫的家园，其最大的特点就是极端的温度、飓风活动和无法预测的干旱、降雨或洪水。它们是粗糙的地质景观而不是郁郁葱葱的植被。但正是这些与住宅区景观的不同之处才使它们更具吸引力。因此，景观设计的任务就是要保持这种差异感，同时保持景观及其特色的亲切感[10]。

旅游景观的设计方法与舞蹈相似，也需要认真想象运动方式，预测运动过程，排列运动顺序。应该如何体验景观？游客与环境之间如何相互影响？游客又应该怎样去慢慢了解环境？规划设计如何才能减少由于过度使用造成的景观破坏、旅游业衰退和景观魅力下降的危机？

早期在旅游区内建造设施的尝试是缺乏知识和理解力的——设计者不了解作为旅游景观应该如何发挥其保护土地的作用，也不知道游客将如何体验这些地方的景观、如何发现规划和设计在导向方面的重要性。

尤卢鲁－卡塔特塔国家公园（Uluru – Kata Tjuta National Park）及附属游客住宿区的环境进行了重新设计和改造，花费了大量的时间和金钱，保护了景观特色，提高了当地的品位[11]。这些改造是有必要的，因为在 20 世纪 50 年代至 70 年代，考虑的是旅游早期收益，因而缺少规划，导致景观和旅游体验质量下降。在以后的几十年中，旅游市场有目的地扩大了，支撑这一市场的基础设施也需要完全重新规划。

尤拉拉（Yulara），也就是现在的阿耶尔岩石渡假胜地（Ayer's Rock Resort），是特意建造在尤卢鲁－卡塔特塔国家公园（Ayer's Rock and the Olgas）外围的旅游村，可以接待游客并提供服务，并且将旅游基础设施重新修建在远离主景区的地方，因为主景区的特色已经开始退化了。露营区、宾馆、汽车旅馆、商店和工人的永久住宿处，以及道路、服务站、停车场和机场，现在都建在主景区以外的区域，与艾尔斯巨石有一定距离。

在 20 世纪 80 年代中期，在尤拉拉成为服务游人的沙漠城镇前，在沙丘、沙漠栎树和各种刺草丛中兴建旅游村的选址规划设计工作进行了好几年。道路、小路、开放空间和开放式花园的设计引导游客去欣赏更大、更难接近的景观，现在它们构成了沙漠之城的新景观。

环境景观公司（现在是环境同盟公司）的景观设计师迈克尔·尤因斯设计了另一种住宅区景观，展示了当地的奇观，游人及居民能够更熟悉自然过程的错综复杂，更了解土壤、植物、沙漠气候之间的关系。当地红色的，黑色的，紫色的，淡绿色的植被，以及土壤的红色轨迹，形成了现有景观中的新亮点，这里除了在严格限定的当地运动场中和宾馆游泳池边的几块需灌溉的草地之外，没有外来植物材料。透过集镇中平展的景观，壮观的艾尔斯巨石神话般的景象成为了主景——通过它们原生地质层的力量诉说着古老的故事。

The layout of the Ayer's Rock Resort village amongst the desert dunes showing the hotels, housing and central common.

阿耶尔岩石渡假胜地在沙丘地中的布局，图中展示了宾馆、住房及中央公共用地

View from the lookout in the central common to the Sails in the Desert Hotel and Ayer's Rock Resort village.

在中央公共用地的瞭望台上，可以看到沙漠宾馆的帆形篷和阿耶尔岩石渡假村

Canvas sails, a grove of eucalyptuses, a desert gravel floor and reflecting pool are combined in the landscape of Sails in the Desert Hotel to evoke the qualities of the broader central desert landscape.

帆形篷、一小丛桉树、砾石地面及倒映的池水结合在沙漠宾馆的风景中，使人联想起更大的沙漠中心景观

Pink pavements, shade structures and grass trees provide the setting for the commercial hub of the village centre at Ayer's Rock Resort where visitors gather to shop, eat and meet.

粉红色铺装、帆布篷和芒草为商业中心提供了环境氛围，商业中心在阿耶尔岩石渡假村的中心，游客们可以在那里购物、吃饭和约会

整个设计景观包括公路、小道、开放空间、建筑、帐篷，构成了阿耶尔岩石渡假胜地，这一设计突出了当地的景观特色。通过认真细致的布局，并且在早期规划阶段和主要发展阶段都受到了建筑师菲利普·考克斯（Phillip Cox）及其同伴的指导监督，对建筑，公路，小道和服务设施都进行了集中安排，保护了景观的特色之处。建设过程中对环境的正常干扰也通过特殊的教育手段和合同规定的技术手段得到了控制[12]。这些技术有很多仍然应用于新的建设中。人类使用所产生的干扰也通过公路、小径的细致布局大大地得到了控制。通过认真选址和材料的灵活使用，体现和渲染了景观的特色，使其变得更加生动。室外区域的灯光也得到了认真地控制，在晚上欣赏夜空的满天繁星，不会因灯光的耀眼而模糊不清。

尤因斯（Ewings）仔细倾听现存景观的诉说后，发展了一种新的景观语言。他提出了环境保护以及保护乡土植物的框架。这些思想提供了景观构成要素中独一无二的词汇，包括当地的地貌结构和颜色。在其中几年的设计中，这种新语言被采用，引导镇区发展成居住区和旅游区的成熟景观。尤因斯构思了一个对这个地方来说是独一无二的设计景观，为旅游者保留了一种差异感，尽管也设置了现代安乐设施，采用了现代的建设技术和园艺技术。设计景观吸引了人们的注意力，鼓励人们去研究更广阔的景观，在这里人们怀着极大的好奇心去研究每个景观构成要素——红色的土地、强烈的色彩、植被结构以及它们组合在一起创造出的各种形式。

Rammed earth walls, paths and thatched roofs maintain an intimate relationship between built and natural forms at the Cultural Centre, Uluru-Kata-Tjuta. Landscape architects Tayor and Cullity, architect Gregory Burgess.

尤卢鲁－卡塔特塔文化中心，坚实的土墙、小路和茅草屋顶使建筑形式和自然形式之间保持了密切的联系。景观设计师泰勒和丘里特设计，建筑师格雷戈里·伯吉斯建造

十年后，附近的文化中心（Cultural center）成了焦点，体现出国家公园内景观的原始味道。景观设计师凯文·泰勒（Kevin Taylor）和凯特·丘里特（Kate Cullity）与建筑师格雷戈里·伯吉斯（Gregory Burgess）以及当地人民同心协力设计了这一景观环境，这样的景观形式结合起来体现了当地的精神[13]。作为体验景观的主要媒介——小道，设计在阳光灿烂地带与内部（Wiltja 或建筑）阴暗处之间，鼓励人们去探究去发现。作为综合楼的中心焦点——沙漠栎树或木麻黄属植物（Casuarina）的残骸，一种真正的“黑树桩”被保留了下来。综合楼的设计使人想起希腊神话传说中的礼卢（Liru）和库尼亚（Kuniya），他们的故事在尤卢鲁附近广为流传。

公路和小径的出入口的布局能提高景观体验。停车场设在沙漠栎树林中变黄的草地上，离综合楼有一定距离，这也花费了大量精力。在入口处，游人可以看到一系列的提示符号和标记，红色的土和水泥混合起来铺成的小路一直延伸至草地，在游人们到达综合楼内的展示厅、信息厅和服务厅之前就能看到各景观要素。

由于在尤拉拉，所有的一切都是旅游活动序列中的一部分，减缓了游客的流动率，使更多的人能够意识到和感悟到当地的永恒特色和自然周期。由于建设和使用产生的干扰被有意识地限制了，又创造出了一种形式语言：使用当地的自然资源建造道路、墙壁和屋顶——红色的泥土与水泥混合起来，可筑墙铺路，当地的灌木晒干后可用来覆盖屋顶。

考虑周到的标识牌、当地手工制作的路牌，带领游人从精心选址的停车场沿着土水泥路穿越沙漠景观来到文化中心

Discreet signs, evocative of local artefacts, guide visitors along earth and concrete paths through the desert landscape to the Cultural Centre from the carefully sited car parks.

当地的泥土和晒干后的灌木为建造墙体、屋顶和道路提供了材料，将尤卢鲁的颜色（从背景看）带到了文化中心。认真的选址工作保留了沙漠栎树的古老躯干，成为整个画面的焦点。(在右边)

The local earth and dried brush provide the materials for walls, roofs and paths, bringing the colour of Uluru (seen in the background) into the Cultural Centre. Careful siting has kept the ancient skeleton of the desert oak as the centrepiece of the composition (to the right).

Entrances, exits and major sites at the Flinders Ranges National Park are marked by signs whose forms evoke the local landscape and use local materials.

在弗林德斯山国家公园的入口、出口及主要的景点有明显的标牌，这种形式使人想起当地的景观，因为标牌是用当地的材料制作的

Camping area amongst the ancient river gums at Trezona, Flinders Ranges National Park, are delineated by the subtle siting of fireplaces, working surfaces of a single slab of rock and hanging space provided by fallen tree carcasses.

在弗林德斯山国家公园的特雷索纳（Trezona），露营区在古老的河边桉树林中，烧烤炉、野餐桌（一块石板）位置巧妙，由倒树残干形成的悬挂式空间勾勒出了野营区的轮廓

在南澳大利亚州的北部是另一种独特的古老景观，泰勒和丘里特在弗林德斯山国家公园（Flinders Ranges National Park）为旅游的基础设施发明了一个特殊词汇，以尽量满足游客的需要。他们面临的挑战是如何选择车行道、人行道和露营地的位置，并且鼓励人们去欣赏当地的景观，而对景观产生的干扰要最小。从20世纪90年代中期开始，园内约65个区域进行了重新规划和设计。新的露营地选址完成后，封闭了旧路，开辟了新道，停车场有的关闭，有的改建，有的建新的。瞭望台得到了改建，并树立了标牌。此外，还制造了指示牌，修建了说明台。他们还设计了指示景观和方向的文字说明牌，采用当地的材料制造——从岩石、原木、做支撑结构和标牌用的钢铁，到倒下的桉树和标志露营地的平顶巨砾。通过全新的景观材料与景观形式，更广阔、更古老的景观展现在游人面前。

在达尔文地区（Darwin）西北部偏僻的吉里格半岛（Gurig peninsula）上的塞文斯普里特湾（Seven Spirit Bay），景观设计师戴维·梅特卡夫（David Metcalf）的设计目标是创造一个居住区景观，使之合理地坐落在森林结构中。无论是在建设期间，还是在以后的旅游使用中，重点始终是减少干扰，提高游客对偏远的原始森林和水资源的认识。位于旅游胜地周围的景观引导着人们的旅游路线，展示了当地的植物种类，欢迎人们去观光和欣赏。

The network of lookouts (such as that in the middle distance) and parking and camping areas in the Flinders Ranges National Park are being modified according to site-by-site assessments and designs to guide use and reduce impacts.

在弗林德斯山脉国家公园中，瞭望台网络（例如在中距离处的瞭望台）、停车区和露营区正在改造中，根据不同的立地条件进行不同的评价和设计，引导人们适度地使用景观，减少干扰

Lizard Island Resort in the early 1980s before the building and landscape development that was to provide a protecting framework of vegetation against the climatic extremes of wind, salt and radiation.

20 世纪 80 年代早期的利泽岛渡假胜地，在建筑和景观开发区的前面，这个开发区为植被提供了一个保护框架，抵御飓风，盐碱，辐射等极端气候的伤害

利泽岛（Lizard Island）在大堡礁远北地区的外围，从 20 世纪 60 年代至 70 年代的十几年中，旅游开发所创造的景观到 20 世纪 80 年代早期一直没有促进人们去接触更大范围的景观。人们的注意力仍然集中在碧水，而不是灰色花岗岩、干黄的草地及其周围的植被所构成的壮丽景观。利泽德景观是由极端的热带季风气候塑造而成的，这种气候使长期的干旱季节和残酷的信风与周期性的过度潮湿和毁灭性飓风交替发生。体验这种景观就是去体验高温高湿或干热。该岛特别的植物被詹姆斯·库克（James Cook）和约瑟夫·班克斯（Joseph Banks）发现了，并在 200 年前带回了英国，使之成为弗洛里雷吉姆园（Florilegeum）规划的一部分，这类植物一直被人们认为是没有园艺用途的，因而很少栽培[15]。这个旅游胜地直到 20 世纪 80 年代中期才进行了重新设计。游客招待所及其设施的规划设计限制游人与周围的国家公园接触，将观赏视角封闭起来，不鼓励人们去探究。另外，设计中也尝试着添加一个临时性的花园，灵感源于繁茂的热带岛屿旅游胜地。但这种构想证明在利泽岛是无法实现的，因为利泽岛的土壤坚硬，景观开阔，而且极易受到海风侵袭。一个好的设计景观应当要求它与利泽岛的土壤、气候和暴晒等恶劣的实际条件交织在一起。

旅游主要区域和主要景观的规划平面图

Master plan of the resort area and landscape.

2001年，从奇纳曼斯山脉（Chinaman's Ridge）延伸出来的利泽岛胜地景观，很好地建植了主体植被

The Lizard Island Resort landscape from Chinaman's Ridge in 2001, with the framing vegetation well established.

Strand vegetation along the beachfront now protects the resort beach and developed areas from salt-laden winds and cyclones.

现在海滨地区的植被保护了沙滩和开发区，使其免受含盐重的海风和飓风的侵袭

The broader landscape of Lizard Island today with the resort visible in the distance. The photo is taken from the path to Cook's Lookout.

现在，利泽岛中更广阔的景观和旅游胜地在远处就能看见。这张照片是在通往库克瞭望台的小路上拍摄的

Maturing she-oak groves provide shade and shelter to the road and path system and privacy to the guest units.

成年的木麻黄林为道路系统提供了遮荫和保护，为游客住房提供了隐蔽空间

Boardwalks protect the unstable sand surfaces and keep traffic from the re-established acacia and she-oak scrub.

木板路保护了不稳定的沙地表面，使重建的金合欢林和木麻黄林保持人流通畅

来自昆士兰科技大学（Queensland University of Technology）的凯瑟琳·布尔和她的同事们设计新景观的目的是使现存景观在旅游胜地的设计景观中拥有一席之地。更广阔的景观应该通过建筑、台地、公路、人行道和休闲区的位置来表现自己，这些要素形成了古老地层的一系列主体景观，另外还有壮观的花岗岩悬崖，白色或青绿色的沙滩以及纠结在一起的保护性植被等景观。设计景观体现出，在大尺度景观中，各要素的巧妙布局是如何提供遮蔽和保护的。建筑物建在正面沙丘形成的缓冲带上，缓冲带上种植的保护性植被防止了飓风危害。防护林带是用于阻挡信风和急流雨的，也可以阻挡强烈的阳光照射。利泽岛的植物、土壤和气候之间独特的相互作用体现在萌生的乡土植物的选择利用上，这些植物展现了非凡的开花特征和形式，这也是最初吸引约瑟夫·班克斯的原因所在。道路和小径的设计促使人们去发现去欣赏更远处的景观。在迎风的绿色山谷中，新造的林地现已成为能够持续发展的保护性框架。

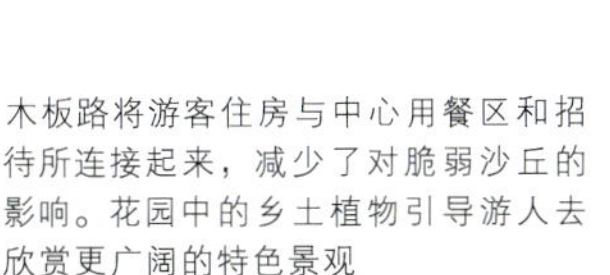

木板路将游客住房与中心用餐区和招待所连接起来，减少了对脆弱沙丘的影响。花园中的乡土植物引导游人去欣赏更广阔的特色景观

Boardwalks connect guest units to the central dining area and reception, reducing impacts on the delicate dunes. Indigenous species planted in gardens introduce guests to the qualities of the broader landscape.

Intricately sited and crafted timber walkways snake through the rainforest at Jindalba in the Daintree National Park, Cape Tribulation, North Queensland.

在昆士兰州北部特里比莱申角（Cape Tribulation）的丹特里国家公园中，在复杂的地形上，人工建造的原木游步道蜿蜒穿梭在金达尔巴的雨林中

停车场、舒适的居住区和野餐区进行了特别的选址和建造，最大限度地减少了干扰作用，使金达尔巴以前受到破坏的地带得以恢复

Car and bus parks, amenities blocks and picnic areas are sited and constructed to minimise impacts and enable restoration of previously disturbed sites at Jindalba.

Carefully sited and constructed tracks and boardwalks transport visitors from the tropical sun to the shade of Wangi Falls swimming holes, Litchfield Park, Northern Territory.

在北部地区的利奇菲尔德公园中，认真选址建造的游步道和木板路将游客从强烈的阳光下带至万吉瀑布游泳洞的遮阴处

同样在远北地区，在凯恩斯北部的热带湿地经营区内，大地规划的景观设计师们设计了一个游客区，向游客介绍了丹特里国家公园（Daintree National Park）中潮湿而茂密的雨林。在金达尔巴（Jindalba），在一个废弃的养牛场，道路、停车场镶嵌在森林结构中，使干扰减少到最低程度。这个地区的规划和设计工作开始于1997年，1999年开始兴建，一年后建成，2000年对外开放。通过细致的筑坡工作，使坡地很稳固。墙体、遮蔽物和舒适的建筑在这个原始的环境中是首批永久性建筑，还有木板路也是，它突出了这个壮观雨林的独特光线、独特结构和独特视角。这个设计促进了人们去欣赏天然林的风貌，而不会分散注意力。

在利奇菲尔德公园（Litchfield Park），离达尔文西南区有两个小时的车程，公路、小道和其他设施的布局体现并保护了当地的主要景观。这些脆弱的隐蔽地带、藤本季雨林、河流和瀑布等，都是在平坦的沙岩高原上开创出来的，与干燥的开放森林和平原的无规律炎热气候形成了鲜明对比。在20世纪80年代中期首次评估了该地的旅游潜力和基础设施规划（由规划师和景观设计师洛德（Loder）和贝利（Bayley）规划设计）[16]，其目的就是要使游客量保持在持续发展的水平上。旅游线路不仅包括最显而易见的景观，如壮丽的蔽阴区和瀑布（在那里可以游泳），而且还包括更多微妙的精致景观，如白千层森林。在20世纪80年代，北部地区保护委员会（Northern Territory Conservation）的规划师和景观设计师的主要工作就是将景观重要的立地特征挑选出来，开发起来，设置道路、停车场、游步道和瞭望台等。

沿着悬崖表面建成的台阶以及在露兜树林之间的山路使人们能够进入池塘游泳，这些台阶和山路都是经过非常认真地勘查选址才兴建的，主要是为了提高游客旅游时的体验和效果，同时还可以保护环境。当游人在公园中穿行时，可以看到梦幻之地——卡温加拉卡尼（Kaungarakanj）和白千层森林中的人们。在这种非常湿冷和广袤的地方旅游，是极其有趣的，也是值得纪念的[17]。

沙漠野生园（Desert Wildlife Park）和植物园（Botanical Gardens）成为艾丽斯斯普林斯（Alice Springs）附近的麦克唐纳山脉（MacDonnell Ranges）的一部分，这两个公园的规划设计工作几乎在整个20世纪90年代一直进行着。1993年哈瑟尔公司进行总体规划，然后在20世纪90年代后期由格林&戴尔公司进行第一阶段的设计和开发。这个公园的设计目标是使游客置身于一个人工创造出来的环境中——使他们所有感官集中在自己的旅游感受上。展览区进行了修缮，在某些地方甚至全部重建，那些无所不在的长满青草的沙漠林地、沙丘、沙地中的盐碱性黏土盆地以及河岸环境，所有这一切被设计成一个景观系列，像故事一样展示给游人。

精心设计的游览路线，能传达游客的情感，加深游人的感受。小路、遮蔽物和说明台的设计不仅集中在它们自身的外观上，而更重要的是起到一种媒介作用，使游人在半天的参观中就能欣赏到再现的微型沙漠景观。这种对野生环境的介绍邀请人们去领略更广阔的风景，这可能要花几个星期的时间。在弗林德斯山脉，最受青睐的是现存的相对未受干扰的自然景观，而不是旅游区的设计景观。在这种完全不同的对比中，设计景观完全是创造出来的模仿自然界的微型景观群，除了麦克唐纳山脉背景，所有能看到的景观都是人工创造出来的，所有的一切都是为了提高对多样的沙漠景观的观赏兴趣，而不是惧怕它们[18]。

这里所讨论的景观设计作品，具有相同的特点。它们都将人类利用和人类居住设在远离现代奢华的环境中，设在澳大利亚偏远的艰苦环境中，而以前这里是无法居住的。除此之外，设计师都将这些景观组合起来用于环境自身的改造中，而且他们还反复强调景观在此过程中的重要作用。他们倾听这些景观的诉说，与它们交流，并为之振奋，学到了过去失败的教训。设计师们还提出了景观与游客之间相互影响的新形式，并开始重视那些为旅游活动提供服务的基础设施，从不贬低它们的价值。

总之，设计师对景观内在价值和内在美的欣赏是很明显的，在他们的设计中也得到了体现。相互作用着的按序列安排好的景观，邀请人们去参与，去发现，最终去欣赏，不仅通过普通媒体如录像片、宣传册、展示会和图书等，还要通过景观设计本身这一媒体。这些例子讲述了古老景观的故事，它们发出了强有力的声音，而且说了很多。这些例子还讲述了那些没有真正被人听见的景观故事，讲述了人类以前想去定居、想去利用它们的故事。这些古老的景观向景观设计师提出了挑战，也向那些与景观一起工作的人提出了挑战，使他们不仅要去倾听、去理解它们的诉说，而且要记录，要吸取过去失败的教训，并通过设计将它们与众不同的价值表现出来。这样，在这种环境中的进行的旅游活动不像以前了，而是能够持续发展的。

游客们在沙漠野生园中可以发现一条沙河，它是河沙景区（Riverine Desert）的一部分

Visitors discovering one of the 'rivers of sand' constructed as part of the life-sized Riverine Desert exhibit at the Desert Wildlife Park.

在沙漠野生园内，小径穿行在重建的长满青草的林地展区内，它们都是用当地材料建成的

Trails through the reconstructed Grassy Woodland exhibit of the Desert Wildlife Park are constructed from materials of that environment.

在艾丽斯斯普林斯，麦克唐纳山脉的低洼处，建有艾丽斯斯普林斯沙漠野生园，人工建造的盐碱盆地成为全真沙漠展区的主景

The constructed saltpan is the focus for the life-size Sandy Desert exhibit at the Alice Springs Desert Wildlife Park, in the shadow of the McDonnell Ranges, Alice Springs.

沙漠野生园的平面图，1995年根据格林与戴尔公司的区域发展平面图重画而成

Plan of the Desert Widlife Park, redrawn from Green and Dale's site development plan, 1995.

沙漠野生园的露天剧场是用于日常猛兽表演的，麦克唐纳山脉周围的景观为剧场提供了一个真实的背景

The amphitheatre at the Desert Wildlife Park, location for the daily raptor display, is sited so that the surrounding landscape of the McDonnell Ranges provides an authentic backdrop.

ENDNOTES

1 The writer Neville Shute titled his 1956 novel of the same name. Shute, N. 1956, *Beyond the Black Stump*, Heinemann, Melbourne. The semiology of 'black stump' in Australia is described in *Collins English Dictionary,* 4th edn, Australian edn, Harper Collins, Glasgow, 2000, and *The Macquarie Dictionary*, 3rd edn, The Macquarie Library Pty Ltd, New South Wales, 2001.

2 McLennan, W. 1996, *Australians and the Environment,* Australian Bureau of Statistics, Canberra.

3 Haynes, R. D. 1998, *Seeking the Centre: The Australian Desert in Literature, Art and Film*, Cambridge University Press, Melbourne, pp. 27–8, 38–41. Also see chapter 6, pp. 130–3 and chapter 10, pp. 278–9 in McIntyre, S. 1999, *A Concise History of Australia*, Cambridge University Press, Australia.

4 Pennicuik, M. 2001, 'Lady Brodie-Hall (Jean Verschuer) AM, FAILA', *Landscape Australia,* no. 2, 2001, Landscape Publications, Victoria, p. 64.

5 Geoffery Serle, amongst others, discusses how the remote parts of Australia (often termed 'the bush') were perceived at once as places of opportunity and disappointment, or where the lonely realities of exile were confronted. See Serle, G. 1973, *From Deserts the Prophets Come: The Creative Spirit in Australia 1788–1972.* Heinemann, Melbourne, pp. 31, 66, 90. Also see Haynes, op. cit., chapter 6, pp. 111–12.

6 Serle, op. cit., pp. 168–172. See also Smith, B. Smith, T. & Heathcote, C. 1961, *Australian Painting 1788–200,* 4th edn, 2001, Oxford University Press, Melbourne, pp. 247–51 for a discussion of the power of Russell Drysdales' imagery of towns and settlements in rural and remote Australia. Haynes, op. cit., pp. 196–201.

7 Fuller, P. 1988, in Cosgrove, D. & Daniels, S. 1988, *The Iconography of Landscape: Essays on the Symbolic Representation, Design and Use of Past Environments,* Cambridge University Press, New York, pp. 27–9. See also Heathcote, C. in Smith, op. cit., chapter 17 for a discussion of more modern painters including Tim Storrier, pp. 566–8.

8 The Bureau of Tourism Research on its 2001 website (www.btr.gov.au/Tourism/dc_dc_top_20) includes Tropical North Queensland and the Whitsundays, Outback Queensland (Fitzroy and Northern) and the Great Barrier Reef and Darwin, Alice Springs and Petermann in the Northern Territory in the top 20 regions visited by international tourists, combining to account for well over 50 per cent from the areas included in this discussion (noting that tourists tend to travel to more than one region).

9 Haynes, op. cit., p. 87.

10 Bull, C. J. 1992, 'Tourism in Australia', part two of three articles, 'Sustainable Tourism in Australia', *Landscape Australia*, no. 2, 1992, Landscape Publications, Victoria, pp. 105–8.

11 Bull, C. J. 1992, 'Tourism in Australia', part three of three articles, 'Professional Contributions to Sustainable Tourism', *Landscape Australia*, no. 3, 1992, Landscape Publications, Victoria, pp. 218–22. Also, the original research on which these comments are based is incorporated in Bull, C. J. 1991 (unpublished), 'Sustainable Tourism in Remote Australia: Strategies for Physical Planning and Infrastructure', thesis presented for the degree of Doctor of Design, Graduate School of Design, Harvard University, Massachusetts.

12 Ewings acknowledges the assistance of Jean Verschuer in establishing an education process to alert all workers who were involved in construction to the necessity (translated into contractual requirements) of protecting the environment during construction. Ewings Pers. Comm., January 2001. For description and discussion of the landscape development of Yulara, see the 1986, 'Award of Merit: Yulara Tourist Resort, N.T.', *Landscape Australia*, no. 2, 1986, Landscape Publications, Victoria, pp. 103–4 and Ewings, M. 1982, 'Landscaping the Rock', *Landscape Australia*, no. 2, 1982, Landscape Publications, Victoria, pp. 177–84.

13 For discussion and description of the Cultural Centre, see the 1996, 'RAIA National Architecture Awards 1996: Uluru-Kata Tjuta Cultural Centre: High Commendation – Public Buildings', *Architecture Australia*, no. 6, 1985, Architecture Media Pty Ltd, Melbourne, pp. 60–1, and Tawa, M. 1996, 'Liru and Kuniya', *Architecture Australia*, no. 2, 1985, Architecture Media Pty Ltd, Melbourne, pp. 48–55.

14 Metcalfe, D., 'Seven Spirit Wilderness' in Holden, R. 1996, *International Landscape Design*, Laurence King Publishing, London, pp. 100–3.

15 Although the plant species of the island had been studied to some extent, many had remained unidentified and few had been subject to experimentation to assess the most suitable techniques of propagation or for horticultural suitability. This was to form a major component of the early work of students, myself and the various landscape management staff first appointed at the resort. Most notably, Anton van der Schans, student landscape architect, prepared the first map of the vegetation zones of the island in Druery, P. 1986 (unpublished), *Experiencing Lizard Island: A Proposal for a Walking Trail System on Lizard Island, Far North Queensland,* Thesis for the Graduate Diploma in *Landscape Architecture*, Queensland Institute of Technology, Brisbane, chapter 4, drawing 5. The vegetation coverage map of 1984 taken from the aerial photo (map 4, chapter 4) also shows minimal cover in the valley occupied by the resort.

16 'Development of Litchfield Park', *Landscape Australia*, no. 1, 1987, Landscape Publications, Victoria, pp. 33 and 66.

17 'Merit Award in Landscape Architecture – Wangi Falls', *Landscape Australia*, no. 4, 1992, Landscape Publications, Victoria, p. 347.

18 For details on the Hassell master plan, refer to 'AILA National Awards 1996 – Merit Award in Landscape Architecture: Planning', *Landscape Australia,* no. 19(1), 1997, Landscape Publications, Victoria, p. 68. Also for habitat and exhibit design see 'AILA Awards 1998 – Project Award in Landscape Architecture: Design – Public Open Space', *Landscape Australia,* no. 21(1), 1999, Landscape Publications, Victoria, pp. 7–8.

4. 在最干旱的大陆上生存
SURVIVING ON THE DRIEST CONTINENT

澳大利亚人住在哪里和如何居住取决于他们与水的关系。淡水缺乏，显著的干旱和半干旱土地（占全部土地面积的三分之二）限制了乡村的发展，也限制了人们在内地居住，促使他们迁移到沿海地区定居。广阔的易到达的海岸线以及常年温暖的气候也促使人们去海边生活。在澳大利亚，有一半的国土只有0.3%的人口，而人口最密集的沿海地区陆地面积只有1%，却拥有84%的人口[1]。虽然降雨量分布很不均匀，几乎没有雨水汇集到河中，但澳大利亚人均对水的消费却是世界上最高的国家之一[2]。

虽然澳大利亚人是典型的海滨居民，但也不尽如此。1911年，43%的澳大利亚人居住在乡村地区，这个比例后来下降到仅有10%多一点[3]。向沿海地区的迁移在20世纪的最后几年中，异常地增大了。因为海滨文化不仅体现在假日生活中，而且在日常生活中也表现出来了，乡村经济状况的改变导致内陆地区人口的进一步减少[4]。在沿海地区的村镇和小城市，住宅区迅速发展，而且有人预计这个趋势将会继续下去[5]。

尽管澳大利亚人喜欢住在水边，可以去看水、玩水，但他们也住在世界上最干旱的地方。他们被大洋和海水包围着，几乎没有淡水。年平均降雨量是所有陆地降雨量中最少的——仅有465mm，欧洲是640mm，北美是660mm。大约有一半的国土每年降雨量只有300mm，而在北部的季风区，降雨量却很高，这些地区离人口密集区很远。澳大利亚降雨的最大特点是每年都不稳定，高温和高蒸发损害了水的可利用性，甚至损害了堤坝。没有高山、地形平缓，因而流失很小，与之相比，亚洲每平方公里的平均流失率是不到4%，北美是7%，欧洲不到20%。由于澳大利亚亚热带北部地区集中了绝大多数的降雨，因此全国的人口集中区也转移到其他的地方。人们集中在干旱的南部地区，但是将径流水收集起来利用仍是很不切实际的[6]。

所有这些因素组合起来体现出：澳大利亚人与人之间的关系是特别重要的。为了在最干旱的地方能够维持生存，澳大利亚人必须合理有效地利用水资源，不论是在开发区还是在住宅区。为了保持文化性和社会性，他们还必须规划和建造滨水住宅区，使人们能够很容易就来到水边玩耍，同时还能起到一定的保护作用。在20世纪90年代以前的定居时期，许多澳大利亚的河流没有受到保护，而被用作垃圾场，沟渠则被重建和加固成排水沟。

在其他地区，河流长满了野草，受到化学废弃物和其他废弃物的集中污染，这些废弃物来自该流域的农场和矿场。排掉了水的湿地，在水文条件改变的压力下植被发生了演替甚至灭绝了，在这些廊道中有很多的鸟类和动物逃离了甚至灭绝了。例如，新南威尔士州的河流中原有55种土生淡水鱼，据目前估计仅存39种了[7]。河流复杂的生态作用及其对环境健康的贡献和价值没有得到承认，澳大利亚人没有正面的看问题。

最近的几十年中，澳大利亚许多景观设计师的作品都集中在滨水区和河流方面，目的是创造休闲娱乐的机会，恢复和保护河流的自然功能，创造出对水的利用和再利用的机会。下面的工程实例表明景观设计师可以等同于“水景设计师”。

也许景观设计师最大的成就就是将像堪培拉（Canberra）这样的内陆城市建成为水城。河床绕城而行，水平面很低，因此城市规划设计的最初设想就是开凿更大的永久性水体，作为一切规划的基础。中标者是美国的景观设计师沃尔特·伯利·格里芬，他提出为小河筑堤，形成一个中心湖，湖周围就是这个城市现在所处的位置，这一设计在理查德·克拉夫（Richard Clough）和国家首都发展委员会（National Capital Develoment Commision）的指导下，花费了半个多世纪的时间才建成[8]。中心湖及其周围的景观是根据最高环境标准进行管理的，这些景观被认为是澳大利亚最有成就的景观之一[9]。这个湖也是内地居民熟悉的一个象征——一个位于国家政治、行政中心的水域。这是在澳大利亚由景观设计师设计的最主要的水域工程。

Aerial view of central Canberra, Lake Burley Griffin, the surrounding vegetated hills of the National Capital Open Space System and the principal avenues of indigenous trees. Also visible is the mixture of exotic plantings around the main institutions of the National Triangle (south of the lake) and the contrasting planting of indigenous vegetation around the National Gallery and High Court to the southeast edge of the lake.

堪培拉市中心的伯利格里芬湖（Lake Burley Griffin）。国家首都开放空间系统（National Capital Open Space System）中茂盛的植被、连绵的群山和种有乡土树种的主要街道的航片，同时也能看到国家三角区（National Triangle）机构大楼（在湖的南面）周围混植着外来树种，还能看到国家美术馆周围对比种植的乡土植被，湖的东南面是高等法院（High Court）。

PLAYING WITH WATER

戏　水

80%以上的澳大利亚人居住在沿海50km范围内的城区[10]，绝大多数澳大利亚人都喜欢玩水。近几十年的许多景观设计作品促进了这种人与景观间的相互作用，对澳大利亚的户外文化产生了巨大的影响，在水边，这些景观作品为人们提供了使用场地，促进了环境的健康发展。

在近的几十年中，澳大利亚的滨海、滨河地区和世界上其他许多地方一样，以前都是作为工业用地，到现在已不再具有经济活力了。这些地方渐渐与潜在的使用者隔离开来，也不再被行人利用，它们被工业废弃物污染了，缺少自然系统中应有的成分。但到现在，许多河流已经恢复了原貌，并且已改建成人类可以接近可以进行活动的地方。作为设计的元素，它们是设计师与希望和生命交流的地方，而不是与失望和死亡交流的场所。

一个大城市范围内的大型景观作品，需要好几年才能完成，才能逐渐成为永恒的作品，像悉尼的达令港（Darling Harbour）和布里斯班的南岸（South Bank），但是它们同样也能出现在更小的更熟悉的范围内。它们可以在大城市、郊区或区域中心，但无论它们在哪儿，一旦得到改进，它们将成为丰富多彩的社区生活和社区活动的中心，因为澳大利亚人将他们玩耍时的感官和热情全部投入到与水、新鲜空气和水陆边际的接触中。居民们经常会在滨水地区庆祝国家或当地的重要节日、重大事件，进行表演活动等。例如，在布里斯班，12万人参加了新千年前夕的庆祝圣典[11]，在达令港、悉尼港周围的公园中将近有100万人。在最近几年中，城市中有许多这样的地方进行了重新设计和改进，更小的海滨小城和内地小城的滨水区也重新进行了改造设计，面貌焕然一新。

景观设计师与工业废地之间交流的主题是支持水边游憩活动，这类活动可以在整个城市或某一区域内进行。设计师创造了休闲场所，供人们散步、聚会或观看如水上烟花等表演。人们还可以欣赏水中倒影和夜晚水面的灯光效果，以及由此带来的环境变化。

城市中的沙滩：南岸公园内的布雷卡沙滩（Breaka Beach）

Beach in the city, Breaka Beach, South Bank Parklands.

Darling Harbour. The promenade of spotted gums and the water walk.

达令港。散植有桉树的散步大道和水上游览线

South Bank Parklands, Brisbane. The riverside promenade and view east to the central business district.

布里斯班的南岸公园。水边的散步大道和中心商业区东面的景观

Darling Harbour. The grove of cabbage tree palms in the shade of the overarching Western Distributor.

达令港。假槟榔丛植在西部高架路的背阴处

虽然这些设计强调要为聚会、娱乐、玩耍提供空间，但它们也有所取舍地参考了当地特别的自然历史和文化历史。例如，植被为人类活动提供了背景，是自然品质或文化品质的参照。在布里斯班的南岸公园，正是文化历史启发了植被设计，选择的植物种类体现了欧洲住宅区的绿化风格，而没有选择当地的原始雨林，乡土树种几乎没有[12]。在其他地方，如达令港，植物设计体现了自然景观和人文景观的同等价值，表达出设计师这样的主张：一个理想的景观是外来植物与乡土植物和谐相处的地方。乡土树种采用传统的布局形式种植（散植斑皮桉（Eucalyptus maculata）的街道），以提高它们的潜在活力，为市民生活和演出活动提供良好的环境氛围，还有在高速公路立柱之间的引人注目的配置方式是——本地棕榈树与外来棕榈树的混植[13]。

MATILDA

圆形码头西侧宽阔的图案式铺装的人行道为当地的演出提供了场地，还有悉尼歌剧院和港口大桥的壮丽背景

The broad, patterned promenade at West Circular Quay provides a setting for local drama, with the spectacular backdrop of the opera house, harbour and bridge.

The busy hub of Circular Quay West with its promenade and gardens provides a focus for tourists and locals.

圆形码头西侧繁忙的中心区及人行道和公园成为游人和当地居民户外活动的主要场所

20世纪80年代，在悉尼湾的圆形码头西侧（Circular Quay West），奇•仲（Qi Choong）等景观设计师和新南威尔士社会工作部（现在是康泰克斯景观设计公司）领导的一支包括科尼比尔•莫里森（Conybeare Morrison）及其合作伙伴的队伍，开创了具有不同空间的网络结构，这些空间将城市中心滨水区的很多相异的景观要素连接了起来。由于有适合的空间，现在游客和当地居民都涌向这个大型的露天歌剧场去游玩、去观看节目表演，在那儿还可以看到城中最著名的建筑——悉尼歌剧院和港口大桥[14]。

重新设计的滨水景观也成为市民生活的中心，这些景观不仅向本地居民开放，也向来自区中心和小城镇的游人开放，这些小城镇如吉朗（Geelong）、维多利亚州的斯蒂姆帕克特广场（Steampacket Place），新南威尔士州纽卡斯尔海滩（Newcastle Foreshore）和入口（The Entrance），以及昆士兰州的穆卢卢巴（Mooloolooba）。

小一点的乡村滨水区，如皮尔蒙特公园（Pyrmont Park），朗诺斯角和伊洛拉保护区，都在沿海城市悉尼和库吉人口密集的内西地区的港口处；壮观的乡村滨水景观，如布拉得利斯角（Bradley's Head）的布罗吉岬（Burrogi Point），在悉尼港东北角莫斯曼国家公园（the National Park at Mosman）内，还有墨尔本菲利普港湾（Port Phillip Bay）的圣基尔达（St Kilda），所有这些景观都为当地居民和游人提供了新的通道和方便。

其中有些工程花费了几十年甚至更长的时间才得以完成。以前，1980年左右首次提出时将达令港建成休闲文化之地，这一构想得到了享有国际声誉的景观设计师劳伦斯•哈尔普林（Lawrence Halprin）的进一步肯定，他于1981年得到景观设计师和景观规划师专业机构的资助访问了澳大利亚[15]。

虽然将达令港建成休闲滨水区的工作集中在1983年至1988年，但这项工程一直在进行着[16]。纽卡斯尔海滩的建设工作也进行了20年，从1981年就开始进行总体规划，进行保护规划和重新设计招标工作。中标者是大地顾问公司，该公司对圣基尔达海滩（St Kilda foreshore）的重新设计（1980年）形成了公园和人行道的网络结构，这一结构出现在澳大利亚首批滨水区工程中，为城市滨水景观设计提供了经验[17]。

大地顾问公司1980年规划设计的圣基尔达滨水区平面图（2002年重画），主要是将分离的部分和结构性植被联系起来。旁边的照片展示的是现在的海滨景观

Tract Consultants 1980 plan of the St Kilda waterfront (redrawn 2002), focusing on connections between disparate parts and structural planting. The photo opposite shows the beachfront as it appears today.

St Kilda beachfront in 2002, with connecting avenues and gardens. The plan of the first works in 1980 appears opposite .

2002年的圣基尔达海滨，有联合大道和花园。左图是最初1980年的平面图

Newcastle foreshore. Tract Consultants plan of 1981 (redrawn 2002) showing the overall redevelopment of the waterfront including roads, boat quay, bridge and tower visible in photo of 2001 on the next page.

纽卡斯尔海滩。1981 年大地顾问公司规划的平面图（2002 年重画），展示了整个滨水区的再次开发状况，包括道路、船码头、大桥和高塔，在下一页的 2001 年拍摄的照片中可以看到

2001 年 1 月的澳大利亚国庆盛典，在纽卡斯尔海滩上举行，那里还保留了许多 1981 年的设计

Australia Day Celebrations, January 2001, on the Newcastle foreshore with much of the original plan of 1981 in place.

The Newcastle Community gathers to greet the Newcastle Knights after their 2001 parade on the open space created as part of the foreshore works following the winning Tract plan on the previous page.

纽卡斯尔居民聚集在一起欢迎纽卡斯尔的骑士们，在开放场地举行 2001 年阅兵后，这块空地已经成为海滩景观的一部分。（续上页中标的大地顾问公司规划的平面图）

这两个都是扩张性城市景观工程，因为这两处的环境都在退化，密布的铁路线、公路和工业建筑，而且规模广大。达令港占地约 6 公顷，纽卡斯尔海滩（Newcastle foreshore）延绵将近 2 公里[18]。污染退化的工业用地已经恢复，公路和铁路改变了路线，具有历史意义的工业建筑保留了下来，建起了新的文化大楼。这两个地方都位于开放空间的设计景观体系中，这样，新的娱乐活动也能在此进行了。

在城市环境下，这些供大众娱乐的地方与公园形成了鲜明的对比。自 19 世纪晚期以来，公园是开放性空间设计的主要方式，人们可以在那里休息娱乐。

其他的滨水空间建设在较短的时间内就完成了，而且规模很小。皮尔蒙特公园、朗诺斯角和伊洛拉保护区总共只有几公顷，在两年内就建成了。在悉尼港边上的一些地方，设计师调查了该地的自然历史和人文历史，观察了它们的特点，然后设计出与之相应的独特的景观，以表现其地方特色。

View across the restrained composition of Pyrmont Point Park to the waterway and the Sydney Harbour Bridge.

透过皮尔蒙特角公园（Pyrmont Point Park）的绿地可以看到海湾和悉尼港口大桥

皮尔蒙特角（Pymont Point）在20世纪90年代末完工，这个过去的工业区是设计的中心主题，据此保留了码头结构，采用了大规模的简单几何形状的铺板和围墙。植物资源使人想起了自然历史，这种植物资源把波特·杰克逊榕（Port Jackson fig，Ficus rubiginosa）再次引入到海滩和本地假槟榔树丛中（Archontophoenix spp.）。设计还大胆地引导人们去欣赏这个被强海风塑造出的海角，体会那种不安的感觉，还邀请人们去港口听海水拍打岸边构筑物的声音。珍妮弗·特平（Jennifer Turpin）的动态雕塑——时间与潮汐（Time and Tide），在轮船经过时加强了运河中水的流动。在这个布局中，自然历史和人文历史显得同等重要[19]。

在皮尔蒙特角公园，由环境合伙设计公司设计的木板路很受当地居民的欢迎，人们喜欢在那儿钓鱼

The boardwalk at Pyrmont Point Park designed by Environmental Partnership proves popular with locals for fishing.

The cabbage tree palms frame views of the harbour at Pyrmont Point Park.

假槟榔（cabbage tree palm）框出了皮尔蒙特角公园的港口景观

Pyrmont's robust industrial waterfront character retained in the restored boardwalk. Jennifer Turpin's *Time and Tide* exaggerates the tidal movement.

皮尔蒙特显著的工业化滨水区特征保留在恢复的木板路中。珍妮弗·特平的动态雕塑——时间与潮汐（Time and Tide）更夸大了这种潮汐运动

布鲁斯·麦肯齐设计的两个公园在20世纪70年代完工，这两个公园艺术地再现了波特·杰克逊榕原始森林的特征，在这个森林中防波堤和海角保留了下来，作为过去工业化的遗留物[20]。朗诺斯角的古老码头结构、标志物以及砂岩峭壁上的附属物保留了下来，等待着人们去发现。悉尼港周围丰富的结构特征、奇异的地形和森林中的光线形成了一个舒适的环境，在那儿可以欣赏繁忙的运河，也可以看到远处的轮廓。这些设计提高了森林和港区对城市居民的价值。朗诺斯角尤其唤起了人们对其工业化过去的回忆，因为在最终的布局中保留了滑道和弯道。

在20世纪90年代最后五年中，景观设计师泰勒、丘里特和莱斯利恩与吉朗城市设计部合作，重新规划了2公里长的菲利普港湾的滨水区，并且使之与斯蒂姆帕克特广场（Steampacket Place）城连接起来。1995年，由规划师凯斯·杨（Keys Young）进行总体规划，他提出，城市景观应当创造一个相互连接的网络结构，城市中和大学周围的滨水区应有明显的开放性空间。滨水区的设计将地形变化和游览路线巧妙地融为一体，不仅为远处壮观的水天全景提供了一个约束性的前景，而且还以精致而诙谐的方式装饰了娱乐区和运动区。

在各种气候条件下都有舒适迷人的空间环境——从灼热的高温夏季到严寒的冬季，这正是维多利亚州沿海狭长地区的显著特征。简·米切尔（Jan Mitchell）、马克·斯托纳（Mark Stoner）、玛吉·富克（Maggie Fook）和比尔·佩林（Bill Perrin）的艺术作品丰富了这些空间环境，所有这些艺术作品阐述了当地居民的生活状况和当地的历史文化[21]。

吉朗的斯蒂姆帕克特广场。港口边的散步广场，海滩的人行道和马克·史东内创造的能够使人产生联系的雕塑

Steampacket Place, Geelong. The harbourside promenade and foreshore walk with Mark Stoner's evocative sculpture.

吉朗的斯蒂姆帕克特普雷斯。古老的海关大楼前的草坪

Steampacket Place, Geelong. The grass forecourt to the Old Customs House.

Burrogi Point, Bradley's Head. The amphitheatre provides an ideal place to take in the spectacle of Sydney's harbour and gain appreciation of the historic site.

布拉得利斯角的布罗吉角。露天剧场是一个理想之地，人们可以领略到悉尼港的美景，也能欣赏到具有历史意义的海边堤岸

这些设计作品充分重视水边的景观——表明克雷格·伯顿（Craig Burton）1998 年的设计产生了重大影响，他在悉尼港布拉得利斯角的布罗吉岬（Burrogi Point）设计了露天剧场、台阶和防波堤，但这种设计是靠不住的，太简单了。从 1990 年的保护性研究开始，砂岩建筑高雅的几何形状使新的作品与具有历史意义的防波堤、陡峭的地形、悉尼澳大利亚皇家海军舰艇（HMAS）纪念性建筑有机地结合在一起。新景观为港区开发利用提供了环境，表现出对过去的自然和文化的尊重，同时迎来了一个多姿多彩的未来[22]。

在布拉得利斯角的布罗吉角夏季浓阴的野餐区。严谨而高雅的几何形台阶将具有历史意义的防波堤、墙体和植被与新的露天剧场有机地结合在一起。悉尼澳大利亚皇家海军舰艇（HMAS）纪念性建筑是其背景

Shady picnics on a summer's day at Burrogi Point, Bradley's Head. The restrained, elegant geometry of the steps integrates the historic pier, wall and vegetation with the new amphitheatre. The memorial to *HMAS Sydney* is in the background.

Access from the beach to the promenade and shops at Coogee.

在库吉，从沙滩到休闲广场和商店的通道

海边沙滩不像前面讨论过的内陆水域景观那样，它向景观设计提出了不同的挑战，更多新颖的设计理念产生了。库吉（Coogee）就是一个很好的例子，它是悉尼南部的一个沙滩[23]。海浪冲击景观一直被保留在汤姆·罗伯茨（Tom Roberts）[24] 19 世纪末描写沙滩人群的作品中，但现在这种景观逐渐被越来越多的停车场、道路、厕所和零星的小道破坏了。

用最简单、最大胆的弧形代替平淡的休闲广场的工程于 1993 年完成，是由布鲁斯·麦肯齐和布雷恩·斯塔福德（Brain Stafford）规划的，他们重新布局了其他所有的功能设施，如停车场、洗手间和建筑等。与麦肯齐设计的其他海滨公园有所不同，这项工程提倡采用坚固的、色彩明亮的形式，增进沙滩使用者与沙子、阳光和海浪的联系。新南威尔士州的海滨到处都是几何式的传统形式，这种形式重又回到了诺福克岛（Norfolk Island）松林中，这些松树种在海浪冲击处，强调了休闲广场拱起的弧线。多年来，城市中增加的很多东西现在都撤走了，为海岸线的中心弧线、沙子和海浪提供了一个简单而稳固的背景。居民们非常喜欢这种环境，他们在那儿散步、聊天、坐下休息或欣赏远处的活动。

悉尼库吉，休闲广场和沙滩通道的简单几何图形使水仍然是人们的焦点所在

The simple geometry of both promenade and beach access maintains the water as the principal focus at Coogee, Sydney.

The view south across the promenade and beach at Coogee, Sydney.

悉尼库吉，在休闲广场和沙滩南部所看到的景观

穆卢卢巴休闲广场和冲浪板做成的座椅

The promenade, Mooloolaba, with surfboard seats.

Enjoying the evening view from the 'Loo', Mooloolaba. Freestanding binoculars designed by installation artist, Craig Walsh.

在穆卢卢巴的“卢（Loo）”欣赏迷人的夜景。独立式的双目望远镜，是由工艺美术家克雷格·沃尔什（Craig Walsh）设计的

穆卢卢巴的黄昏。“美丽的卢（Loo with a View）”使人想起了冲到沙滩边的失事船

Sunset at Mooloolaba. The 'Loo with a View' evokes a wreck washed up on the beach.

相比之下，约翰·蒙格德（John Mongard）1998年设计的昆士兰海滩充分重视海岸上现存事物的价值。他所选择的基础设施采用比喻设计的方式，所设置的遮蔽物、瞭望台、休息区和洗手间都采用传统的搁浅船的形式，像遇难船的残骸及其抛弃的货物，这些都被应用在布里斯班北部的穆卢拉巴（Mooloolaba）沙滩。穆卢拉巴作为一个港口的文化历史是值得颂扬的，不仅在于它的结构形式，更重要的是其大量的微小细节处——座椅使人想起冲浪板，灯光使人想起港口的洞穴，金属栏杆和原木阶梯使人想起船上的甲板。这一设计没有撤去多年来海边增添的娱乐设施，反而对它们给予了肯定，并且还要增加类似的设施。在昆士兰最受欢迎的海滩上，海滨娱乐的美好回忆——冲浪、划船、垂钓、烧烤、观看冲浪表演、欣赏地平线等等——在这个设计中也有体现[25]，从“船”到海滨大道、停车场和游步道都进行了重新布局。马鲁切议会（Maroochy Council）所寻找的体现当地沙滩生活的形象在这一设计中也能找到。

John Mongard and Associates 1998 plan of the precinct around the 'Loo with a View' at Mooloolaba including road and beachfront works.

约翰·蒙格德及其助手1998年规划的“美丽的卢”及周边区域的平面图，包括道路和海滨

在穆卢卢巴，悉尼北面怀昂(Wyong）附近的海滨入口绿地（The Entrance)，环境同盟公司将平淡无奇的滨水区改造成当地居民和游人的向往之地。灿烂的青绿色海水（这里是塔格拉湖(Tuggerah Lake）的入海口）和淡黄色的沙滩启发了设计师，他们采用色彩鲜艳的铺装，其他的设施色彩也很亮丽。塔格拉湖平静的湖水是很适合家庭嬉戏的，这又启发了设计师，他们在广场上设计了一个可以进去玩耍的旱喷泉。这种外向型的设计是由菲利帕·普莱福德（Phillippa Playford）设计的，他的目的是赞美自然与文化的融合，因此他采用的是完全适合于当地社会特征和自然面貌的设计方法。每个人都会来到滨水区，在那儿鹈鹕在逐食，市民在溜狗，孩童在嬉戏，老者在享用就地买来的物美价廉的饮食。自从该工程于1998年完工后，怀昂人非常喜欢这个地方，这里已经成为他们生活中不可分割的一部分。

这些工程的设计师们认为，尽管以前这里的环境是退化的，但这个地方仍具有很大的潜力。他们还认为这些地方是值得纪念的——不论是自然历史还是社会历史。设计师提出要将这些地方建设成为有利于身心健康的理想之地，所有的居民都能聚集在此，在管理良好的滨水环境中享受各得其所。虽然设计过程中承认了过去的价值，但它们主要赞颂的是对太阳、水和新鲜空气的热爱，这里也正是当代澳大利亚的典型特征。

入口。人们在雕塑师菲利帕·普莱福德的喷水雕塑中玩耍，孩子们穿着衣服进去嬉戏

The Entrance. Play in the water sculpture by sculptor Philippa Playford. Kids go in clothes and all.

新南威尔士州，在一个普通的夏日周末，老老少少的市民们都来到的海滨入口绿地。那里有很多座椅和色彩丰富的景观环境

A typical summer weekend for all ages at The Entrance, New South Wales. Plenty of seating and colour.

在海滨入口绿地举行的鹈鹕喂养仪式，远处是滨水游憩林阴路

The ritual of feeding the pelicans at The Entrance, with the waterfront promenade in the distance.

CARING FOR WATER AND WATERWAYS

爱护水域河流

作为人类的一种品质，关爱明显地表现为尊重和行动。虽然，淡水在现在是作为一种资源被广泛使用，但也不尽如此，在当今澳大利亚，越来越多的人认识到了水资源的匮乏，水的价值得到了重视。根据这样的价值观，保护水资源的行动涉及到在设计新景观和改造旧景观时要充分考虑水资源的消耗问题，考虑水体应该如何布局，如何使用，如何建造。保护水资源还涉及到水域景观的设计问题，因为水域景观提供了休闲活动的空间，而且水体具有自然界的某些作用。此外，保护水资源的行动还涉及到长期的景观养护问题。

虽然保护是一种单一的行为，但随着时间的流逝，则表现为多种行动的综合。所有这些行动都是向着一个很高的目标迈进的。在澳大利亚，保护水资源、保护河流是很复杂的，主要目标是最经济合理地利用它，不论在个别地方还是在整个区域。

例如，在景观中最经济地使用水资源是可以实现的，通过简单的设计和一定的管理措施，在缺水环境中不种植需要灌溉的植物，而种植其他的节水型耐旱植物。维多利亚州的景观设计师戈登·福特（Gordon Ford）率先将节水技术创造性地运用于墨尔本市内的一个小范围内，从1970年开始直到1999年他去逝时为止，他都一直致力于这项研究。尽管澳大利亚广泛铺设草坪，但他认为水用于保养草是很浪费的。在一个如此缺水的环境中，他期待着“夏季无需灌溉”的时代能够到来，他所谓的“季节性绿色”（草地会自然变黄）是容许的[26]。他甚至在自己的花园中，将草坪挖掘成一个池塘，以减少水分消耗。草地在澳大利亚传统景观形式中是很重要的，这一点体现在堪培拉议会大厦（Parliament House in Canberra）的设计中。来自美国纽约的景观设计师彼得·罗兰（Peter G. Rolland）和建筑师罗纳德·吉尔格拉（Ronaldo Giurgola）将整座大楼置身于灿烂的绿色草地中，这种草坪是用外来草种播种的，需要灌溉。这块草地与

堪培拉议会大厦周围的草地

The lawns enclosing Parliament House, Canberra.

周围山上周期性变绿、变黄的草地形成了鲜明对比，它赞扬的是澳大利亚郊区文化中需灌溉的草地的象征意义。当一种节水型景观在 20 世纪 80 年代早期首次提出来时，人们并没有看到保护水资源是一件具有足够份量的大事。

虽然保护水资源、小溪流和私人土地上的水体是每个户主的责任，但保护整个流域和运河则需要许多团体的广泛合作。广大区域、运河和流域的保护工作常常在许多组织机构的管理下，由多种社会团体和官方组织负责，其中包括当地政府和团体。在保护水资源和河流的工作中，景观设计师已经将复杂的程序引入到景观中好多年了，并且他们与许多组织和个人有密切联系。在本章中讨论的例子有：南澳大利亚州阿德莱德（Adelaide）的托伦斯河带状绿地（Torrens River Linear Park），霍姆布什湾（Homebush Bay）的 2000 年奥运会所在地，以及悉尼西部的克利尔帕多克河（Clear Paddock Creek）。这些工程向以前每一种景观营造手法提出了挑战，尤其是滨水景观的传统营造手法。

运河是线性系统或者说是一个通道，它提供了运动的空间，不仅为水的流动，而且为动物、人类以及社会服务提供了空间。河流在水、土壤、空气和植物之间复杂的相互作用下，净化了水质，对于一个健康的河流景观来说，这些相互间的作用、以及所支持这种作用的事物都必须受到重视，而且每一种要素都是必不可少的。然而，在澳大利亚移民最初的一个半世纪的定居生活中，河流往往没有得到重视，被当作倾倒垃圾和废物的地方，填满了各种的东西，随意遭到破坏。尽管植被对水域系统的健康具有重要作用，但还是被砍伐了。溪流和江河可以抵御不可预测的极端的洪水，也可以从水资源丰富的地区调水，但这些河流都长满了杂草，或浇筑了混凝土，或被开挖成渠道，完全丧失了抵抗旱涝的功能。

然而，我们也高兴地看到，在 20 世纪上半叶，健康的排水道和河流对水、植物、动物和人类的生态健康所具有的价值得到了承认。在这一时期，景观设计师负责了许多重要河流的恢复工作，这些工程使江河水系恢复了原貌。以前这些河流受到了几十年的虐待，土生土长的动植物没有了，导致杂草滋生，分洪河道长满了草，铺满了输送管道，沟渠则浇筑了混凝土，缺乏野生生物，毫无趣味可言。结果必然会导致这些地方变得死气沉沉，毫无生机，这是人类对自然欠下的债务。要将这些地方恢复原样，恢复为生命的中心，恢复为运动和休闲之地，需要几十年的时间才能实现。我们所做的水体景观设计正是体现了这一点，在其后大家可以慢慢看到。

淡水湿地、咸水湿地、沼泽地、河道、湖泊进行了专门的设计，形成了新的景观格局。从这种新格局中，可以看出江河流域的发展变化。社会综合方案开始实施，专业的咨询和教育工作得以开展，其目的在于改变人们的价值观念和行为习惯。通过在各地开展的宣传教育工作，使居民们更加了解河流对维持健康景观所起的作用。并落实了多种措施，包括减轻洪灾、安装排水系统排除暴雨积水，将河流和分洪河道重新分类、按级排序、再种上植物，形成全新的动植物栖息地。在滨水范围内，运输系统（如机动车道、自行车道和人行道）和休闲区的设计很独特，可以最大限度地兼顾环境效益、生态效益和社会效益。

从这些工程实例中，我们可以看到各种类型的河流是如何被设计成新的景观式样的，它能将人类居住地与自然生态过程有机地结合起来。这种景观形式向以前的开发过程提出了挑战，因为以前的开发对水体进行了改造，或截堵、或改道、或填死，使水体脱离了人类活动的区域。而现在，这些工程形成了复杂的景观生态系统，系统中的各因子能够相互作用，使景观拥有多种功能，并在规划、设计和经营管理中体现出来。

托伦斯河规划处理的两部分平面图（共有 30 张平面图），1979 年规划的初稿。照片中显示的是斯蒂芬台地、吉尔伯顿和亨利滨河林阴路（Henley Beach Road）现在的样子

The original 1979 plans of two (of a total of 30 plans) sections of the Torrens River and proposed treatments. Stephen Terrace, Gilberton and Henley Beach Road are shown in the photographs as they appear today.

The pedestrian path and cycleway along the reinstated riverine corridor, Torrens River, Gilberton, Adelaide.

阿德莱德的吉尔伯顿，在恢复的河道两侧的人行道和自行车道

The Torrens River corridor at Gilberton, Adelaide. The busway can be seen in the background along with the reinstated riverine habitat, walkways and cycleways.

阿德莱德的吉尔伯顿，托伦斯河道景观。在此图的背景中，可以看到恢复的水边生境、机动车道、自行车道和人行道

Habitat conservation and interpretation of the restored wetlands, Lockleys, Torrens River.

托伦斯河的洛克利斯（Lockleys）自然保护区和恢复的湿地

亨利滨河林阴路，恢复的湿地、森林和人行道在托伦斯河边的低地范围内

Restored wetlands, woodlands and walks in the lower reaches of the Torrens River at Henley Beach Road.

例如，托伦斯河（The Torrens River）工程占阿德莱德郊区面积的490平方公里。第一阶段工作进行了将近20年，恢复了虐待几十午的100平方公里的土地。19世纪，澳大利亚人在托伦斯河流域定居了40年，在此期间，托伦斯河受到了严重的污染。二战后，随着该流域城市化进程的发展，托伦斯河被开凿成渠道了。污染和开沟挖渠导致了生态环境的极端退化，这种情况一直持续到1979年第一次进行调查研究时为止。这些研究确定了一整套工作流程，在后来的17年中使整个流域恢复了原貌。这些工作包括建造一个“带状绿地”——一个30公里长的滨水游憩林阴带和野生生物的栖息地，它跨越12个地方行政区。在这里，河岸植被和改造后的水道结合起来形成了动植物栖息地。此外，还建造了机动车道、自行车道、游步道、休闲娱乐区、洪水缓冲带和排水设施。由于周围开发区的水会流向排水道，因此将排水道入口处形成的湿地划到了园内，因为湿地可以减慢排水道中水的流速，并过滤水体，净化水质。

我们的目标是从某种程度上恢复一个“天然水域”的原貌和功能，修复长达一个多世纪对水域环境的创伤[27]。

在哈瑟尔景观设计小组（包括克里斯托弗·雷恩（Kristopher Wren）、托尼·麦考密克（Tony McCormick）和特德·德克斯特（Ted Dexter））的领导下，第一阶段的工作进行了17年。其后进行的第二阶段工作已经扩展到该流域剩下的390平方公里的范围内，并于2001年全部完成。这项工程包括持续性的社团咨询会和教育活动，使40万居住在该流域的居民知道保护生存资源的必要性，因为这些生存资源是由这些环境提供的。

在费尔菲尔德（Fairfield），“恢复水体”工程的第一步工作花了将近十年的时间才完成。克利尔·帕多克河（Clear Paddock Creek）是工程的重点，它是悉尼城西乔治河（Georges River）流域的一部分，是位于郊区的一段泻洪河道，它包括一个混凝土排水渠和修整的草地平台。

最新设计的水域景观将休闲区、人行道、自行车道、改造后的河道和重新建成的自然功能区有机地结合在一起，这些功能区可以净化水质，为动植物提供栖息地。水体的形式完全改成了浅滩和池塘，河道旁重新种上了乡土植物，其中绝大多数种类是20世纪50年代至60年代郊区发展中被砍掉的。

排水速度减慢了，沉积作用提高了，水体慢慢净化了，动植物栖息地发展了，形成了自然式的景观。自始至终，在此项工程中都有社区居民的参与，他们不断受到鼓励和教育。一块铺设草坪的长达2.7公里的“纪念线”设置其中，在工程早期它仅仅是一件短暂的艺术作品，但它能使人想起小溪边最初的居民，同时示意将发生的变化。

Restoration works at Clear Paddock Creek immediately after completion, already popular with locals.

克利尔·帕多克河恢复工作完成后不久就已经受到当地居民的欢迎

在克利尔·帕多克河，景观设计师谢弗和巴恩斯利提出，以前被认为与水泥沟渠一样平凡的事物现在也能启发人，也能促进人们去进一步了解当地生态系统的运转情况。结果，一个不受欢迎的偏僻排水道，可以被修整成一个生动的具有多种功能的河岸景观，成为郊区中有价值的一部分。这是按照正在进行的计划实施的，这个计划包括专业施工和社区居民的参与以及对居民的教育[28]。很多权威组织和团体通力合作，共同完成了此项工程，这些组织包括费尔菲尔德城市委员会（Fairfield City Council）、新南威尔士州环保权威机构（NSW Environmental Protection Authority）、澳大利亚保护基金会（Australian Conservation Foundation）和顾问组。

在库克河（Cook's River）流域，巴巴拉·谢弗最初从这个地方得到的灵感和启发要比其他地方要多，她在学生时代就开始研究它的可行性了[29]。

1986年，顶尖设计工作室对卡勒姆－卡勒姆湿地系统（Carrum Carrum Wetlands）进行了设计，使原有4500公顷的湿地有340公顷得到了保护，并且恢复了原貌。保护下来的湿地是湿地链的核心，这个湿地链包括锡福德沼泽地（Seaford Swamp）和伊迪斯威尔湿地（Edithvale，内有教育中心），后者逐渐被郊区开发区包围了，这都是按照规划进行的。规划时提出的土地使用问题复审了好几次，确定了更适宜居住的小区域，更好地保护了多样的湿地生境，与此同时，市郊新开发区的建设工作也在进行着。鉴于前面的例子，有很多的地方议会、权威机构和社团参与进来，共同完成了这项伟大的工程[30]。在保留下来的开放空间中，空间布局进行了重新设计，建立了缓冲区、休闲区、植物生境、洪水缓冲区和暴雨阻滞区，提高了水域和湿地内生物生存的可能性。湿地从入口处就被围了起来，保护性缓冲区建在休闲区和居住区的周围，新的人行道和自行车道建起来了，这些通道是当地居民利用和了解这片土地的媒介，鼓励着人们去了解这块平坦的景观，虽然它看似没什么特点，但它的价值是明显的；同时，也鼓励人们去了解它在生态系统中所起的作用[31]。

The drainage corridor and reserve at Clear Paddock Creek, St Johns, western Sydney, before recent restoration works.

位于悉尼西部圣约翰区的克利尔·帕多克河流域，图中展现的是排水通道和保护区在恢复前的面貌

墨尔本西部纽波特，湿地的公共入口及壳牌公司炼油厂的监控区

The public entrance to the wetlands and monitoring area for the Shell Refinery at Newport, west of Melbourne.

在墨尔本市中心以西的纽波特（Newport）市郊工业区，顶尖设计工作室从一个完全不同的角度，提出了一个全新的设计方案，展示了壳牌公司炼油厂内水污染问题是如何解决的[32]。这是一项示范性工程，在不到1公顷的坎加鲁湿地（Kangaroo Wetlands）内进行，采用最生态实用的湿地改善措施，在径流还未溢进菲利普港湾前就进行了净化，这些措施包括现场的污染控制，用一系列重建的池塘替换混凝土的梯形排水道。在该工程于1996年完工后，当地学校的学生们参与到水质监控计划中，去“观测水质”（Watch Water），这样可以使孩子们了解工业化的发展对环境的负作用和自然生态系统在抵消这种负作用时所扮演的重要角色，提高他们对环境问题的认识。技术手段和湿地景观在此项工程中都得到了充分的展示，这是值得骄傲的[33]。

Carrum Carrum Wetlands and the surrounding suburban development, southeast Melbourne. The perimeter walk and cycleway can be seen, along with the bird hide at the Edithvale Education Centre in centre frame. The waters of Port Phillip Bay are to the left.

墨尔本东南部的卡勒姆湿地链及其周围的乡村发展区。图中央是伊迪斯威尔教育中心，可以看到四周是人行道和自行车道。左边是菲利普港湾的水面

Run-off water is tested for quality prior to discharge from the wetlands to the river as part of the ongoing monitoring program at the Shell Refinery.

湿地中的水流入河中之前需要检测水质，这是壳牌公司炼油厂正在进行的监控程序的一部分

在悉尼西部霍姆布什湾2000年奥运会所在地，保护水资源和水域体现在很大的范围内。这块低地面对着帕拉马塔河（Parramatta River），方圆几百公顷，遭受了几十年的破坏，包括开垦、采石、填埋、倾倒有害工业废物等。由于有些部分与2000年奥运会用地有关，因此对这些地方进行了综合治理，使之成为休闲、商业和居住用地。这一区域包括体育中心、竞赛场馆和附近的一个占地650公顷的公园，公园周围是新的住宅开发区。整个环境改善计划包括整个地区范围内的水体恢复和管理（water reclamation and management，常用其首字母WRAMS来描述）。新的排水系统、湿地、动植物生境（当地的和迁徙的鸟类和动物的栖息地，如濒临灭绝的绿金雨滨蛙）建成了，收集污水、净化污水和再利用污水（城市中心和周围的开发区产生的污水）的系统也安装好了，处理完的水主要用于灌溉。由于使用的是本地的植物资源和循环水，减少了水的需求量，提高了水的利用率。

改善水体质量的工作在哈斯莱姆河（Haslam's Creek）是最明显的，这条河全部得到了改造，将咸水沼泽地、淡水沼泽地、植被区、分洪河道、永久性水体（包括储存的灌溉用水）与休闲娱乐区结合起来。这些工作为周围的居民区提供了美好的景色和公共休闲娱乐空间，体现出保护性景观与最现代的城市发展相结合的重要性[34]。这些水体被设计成千禧公园（Millennium Park，在第七章也可看到）的一部分，根据两个景观设计公司——克劳斯顿公司（Clouston）和谢弗—巴恩斯利公司（Schaffer and Barnsley）的详细设计而建造，现在，这些水体在更大的范围内展现了它的保护性水体景观。

在斯凯雷顿河（Skeleton Creek）边上的博得沃克房地产开发区的市郊分区，湿地、排水道的设计向人们普遍持有的观念提出了挑战。当时人们普遍认为这种平坦的开放性湿地景观——典型的墨尔本多风的玄武岩平地，是没有价值的（在第二章中也讨论了）。

GBLA的景观设计师和小区设计师在格雷姆·本特利（Graeme Bentley）和凯伦·加尔（Karen Gall）的领导下，将广阔的、低洼的、杂草丛生的、满是淤泥的小溪与居民区有机地结合起来，使小溪成为郊区景观的中心。他们没有将小溪改造成更传统的水体如湖泊或者是最初已提到过的水泥排水道，而是将其保留了下来，通过治理，使之成为开放空间和休闲娱乐景观体系的重要部分[35]。人行道和玩耍休闲区域是滨水景观设计的一部分，像所有在此讨论过的工程一样，这一设计体现了对水体的保护，也展示了他们所设计的生境在各种环境中将会如何改变，甚至在最不受人喜欢、最不吸引人的环境中。

在澳大利亚，这些工程提出了一种水资源利用的新理念以及人类与水交流的新方法。设计师们认为滨水区和河流是很适合户外游玩和公共活动的。同时，他们也认为在这些地方必要的自然过程能够存在也应该存在，人们能够也应该去欣赏它们、理解它们，河流和滨水区应当受到积极的保护和尊重，因为它们不仅支持了人类的生活，而且也支持了城市系统中的人类的伙伴——动植物的生活，二者为保护水质作出了贡献。

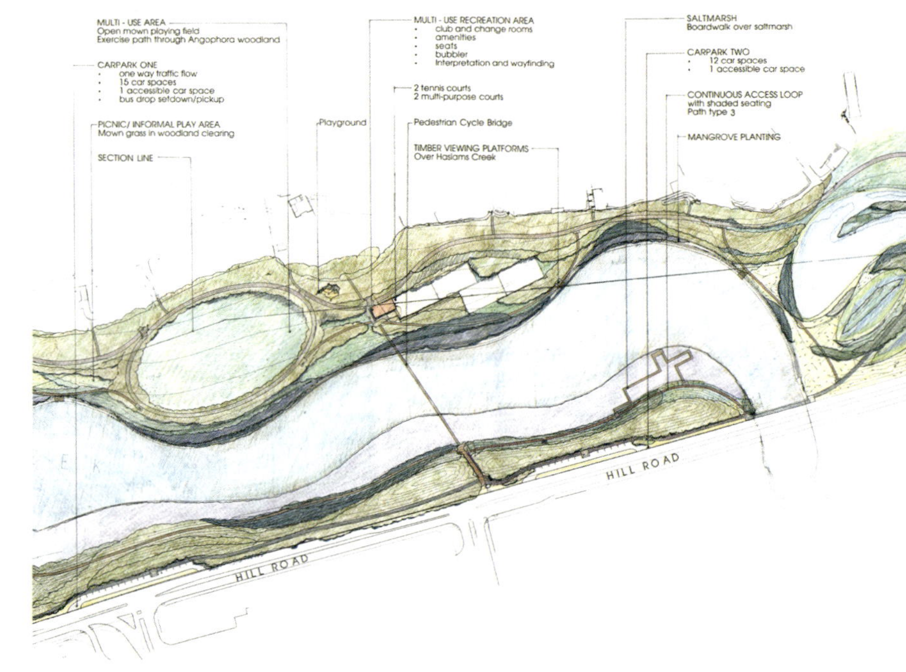

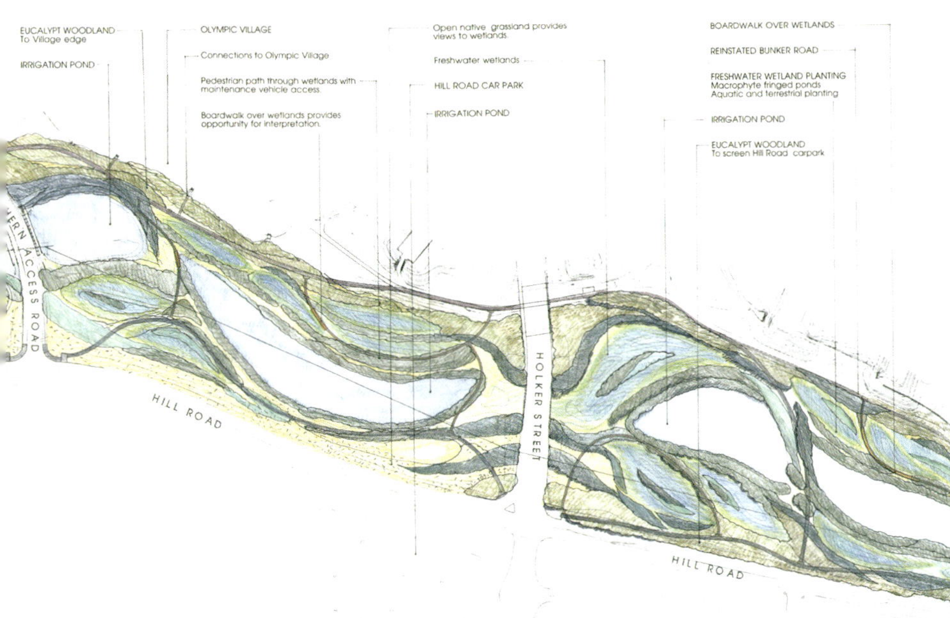

克劳斯顿公司于1999年规划的霍姆布什千禧公园中哈斯莱姆河的景观开发平面图，图中展示了咸水沼泽地和淡水沼泽地的植物种植区和河道治理情况

Clouston's November 1999 plan for the landscape development of Haslam's Creek, Millennium Parklands at Homebush, showing the salt and freshwater marsh planting and corridor treatments.

Looking north towards the Parramatta River along the restored Haslam's Creek Corridor, part of Millennium Parklands at Homebush.

从帕拉马塔河北边沿着恢复的哈斯莱姆道看到的千禧公园的一部分

ENDNOTES

1 Australian Bureau of Statistics 2000, 'Australia Now – A Statistical Profile. Population Distribution', Canberra, p. 1.

2 National Heritage Trust 2000, 'Water Resources in Australia', www.nlwra.gov.au/atlas.

3 Australian Bureau of Statistics, op. cit., p. 4.

4 For an exploration of this phenomenon see Leone Huntsman's discussion of the beach in Australian culture in Huntsman, L. 2001, *Sand in Our Souls: The Beach in Australian History,* Melbourne University Press, Melbourne.

5 Australian Bureau of Statistics, op. cit., p. 3.

6 Australian Bureau of Statistics 2000, 'Australia Now – A Statistical Profile. Geography and Climate: Water resources', Canberra, pp. 1–5.

7 Australian Bureau of Statistics 2000, 'Australia Now – A Statistical Profile. Environment: Sustainable management of Australia's rivers, inland waters and ground water', Canberra, p. 1–6.

8 For various descriptions of how the lake was designed and built, see 'Lake Burley Griffin and Adjacent Parkland, ACT: Award of Merit and Award in Landscape Excellence', *Landscape Australia,* no. 2(8), 1986, Landscape Publications, Victoria, pp. 92–3, and Clough, R. 1982, 'Landscape of Canberra: A Review', *Landscape Australia*, no. 3, 1982, Landscape Publications, Victoria, pp. 196–9. In her discussion of the Parliamentary Triangle, Margaret Hendry also provides an insight into the development of the city and its landscape in Hendry, M. 1980, 'The Parliamentary Triangle – Canberra', *Landscape Australia*, no. 4, 1980, Landscape Publications, Victoria, pp. 268–75.

9 Bull, C. J. & L. Ward 2000, 'In What Way Influential? The Projects, People and Events Landscape Architects Consider Significant', *Landscape Australia,* no. 2, 2000, Landscape Publications, Victoria, pp. 111–18.

10 Department of the Environment, Sport and Territories 1996, *The National Strategy for Australia's Biological Diversity*, Commonwealth of Australia, Canberra, p. 46.

11 South Bank Corporation, *Annual Report 1999/2000*, South Bank Corporation, Brisbane, p. 5.

12 Bull, C., 'South Bank Parklands: Brisbane's Backyard', *Landscape Australia*, no. 1(16), 1994, Landscape Publications, Victoria, pp. 49–52, and 'Landscaping of Southbank Parklands', *Constructional Review*, no. 4(65), 1992, Concrete Association of Australia, New South Wales, pp. 16–21.

13 Young, B. & C. Plummer, 'Darling Harbour Public Spaces', *Landscape Australia*, no. 1, 1988, Landscape Publications, Victoria, pp. 12–22.

14 'Project Awards in Landscape Architecture, National Awards, 1988', citation and description, *Landscape Australia*, no. 3, 1988, Landscape Publications, Victoria, pp. 257–63.

15 Digby, K. 1985, 'Darling Harbour – A Place for People', *Landscape Australia*, no. 2, 1985, Landscape Publications, Victoria, pp. 123–7.

16 The work of Christopher Plummer as the authority's architect and landscape architect guiding work over the many years of Darling Harbour's growth and evolution must be acknowledged here.

17 For a discussion of Tract's design for the St Kilda foreshore, see 'Giving a Fig for St Kilda', an article by Anne Latreille in her Environs column, *The Age*, Wednesday, 30 July, 1980, Fairfax Publications, Melbourne, p. 18.

18 For descriptions of the competition, see a Landscape Australia Report on 'Newcastle Foreshore Landscape and Urban Design Competition', *Landscape Australia*, no. 1, 1982, Landscape Publications, Victoria, pp. 13–22, and Drew, P. 'Newcastle Foreshore: Landscape and Urban design Competition', *Architecture Australia*, no. 71, Architecture Media Pty Ltd, Melbourne, pp. 44–9. For an analysis see Corkery, L. 1989, 'Newcastle Foreshore in Hindsight', *Landscape Australia,* no. 2, 1989, Landscape Publications, Victoria, pp. 228–35.

19 For a discussion of the background to the design, see Hunter, A., 'Making a Point!', *Landscape Australia*, no. 3(19), 1997, Landscape Publications, Victoria, pp. 244–9.

20 These parks are discussed generally in Bruce Mackenzie's writings in *Landscape Australia*, but other specific references include Mackenzie, B., 'Alternative Parkland: Capturing and Establishing the Mood-Experience of Remote Natural Places', *Landscape Australia,* no. 1, 1979, Landscape Publications, Victoria, pp. 19–28; 'Long Nose Point Balmain, NSW: Award of Merit – Recreation', *Landscape Australia*, no. 2(8), 1986, Landscape Publications, Victoria, pp. 114–15; 'Merit Award Section 7: Long Nose Point Park, Birchgrove', *Architecture Australia*, no. 6(71), 1982, Architecture Media Pty Ltd, Melbourne, pp. 40–1; and also see Hunter, A., 'Making a Point! Pyrmont Point Park and Giba Park, Sydney.' *Landscape Australia*, no. 3(19), 1997, Landscape Publications, Victoria, pp. 244–9.

21 Geelong Waterfront is described by Neil Savery (at that time with Geelong City) in 'Waterfront Geelong', *Landscape Australia*, no. 1, 2000, Landscape Publications, Victoria, pp. 13–16. The project also won a design award in the 1998 National Awards of the AILA, discussed in 'Merit Award in Landscape Architecture: Design – Public Spaces', *Landscape Australia*, no. 21(1), 1998, Landscape Publications, Victoria, p. 13.

22 Burton, C. 2000. 'Nature as Culture: Sydney Harbour and Water as Place', *Landscape Australia*, no. 4, 2000, Landscape Publications, Victoria, pp. 302–7.

23 Mackenzie, B., 'Paving the Coogee Beachfront and Promenading Australians', *Landscape Australia*, no. 13(1), 1992, Landscape Publications, Victoria, pp. 17–21.

24 See Smith, B. Smith, T. & Heathcote, C. 1961, *Australian Painting 1788–200*, 4th edn, 2001, Oxford University Press, Melbourne, p. 76.

25 Mongard, J. 2000, 'What Do You Mean by This Place?', *Landscape Australia*, no. 4, 2000, Landscape Publications, Victoria, p. 324–7, and Mongard, J. 2000, 'Loo with a View Wins Through', *Landscape Australia*, no. 1, 2000, Landscape Publications, Victoria, p. 84.

26 Ford, Gordon & Gwen 1999, *The Natural Australian Garden*, Bloomings Books, Melbourne, p. 52.

27 For descriptions of this project over its life, see: 'River Torrens Study, SA: Award of Merit: Research and Studies' in the commentary on the National Awards, *Landscape Australia*, no. 8(2), 1986, Landscape Publications, Victoria, pp. 109–10; 'River Torrens Linear Park, Adelaide' (also a commentary on the National Awards), *Landscape Australia*, no. 4, 1992, Landscape Publications, Victoria, pp. 332–3; 'Merit Award in Landscape Architecture: Planning/Environmental Planning' *Landscape Australia*, no. 1, 1999, Landscape Publications, Victoria, p. 33; and Dexter, T., 'Adelaide Creates a Great Asset: River Torrens Linear Park', *Landscape Australia,* no. 19(4), 1997, Landscape Publications, Victoria, pp. 343–8.

28 A description of this project can be found in the commentary on the National Awards in Landscape Architecture, 'Environmental Planning', *Landscape Australia,* no. 1, 1999 Landscape Publications, Victoria, pp. 30–1. For a description and discussion of the project in its early stages, see also the booklet, *Australian Institute of Landscape Architects (NSW and ACT) 1997 Inaugural Awards for Achievement* in *Landscape Architecture*, 1997, pp. 6 and 20, AILA, New South Wales.

29 Pers. Comm. Barbara Schaffer and Sue Barnsley, January, 2001.

30 Pers. Comm. Ken and Victoria Sharp, February, 2001.

31 For a brief description of this project see the commentary on the National Awards, 'Carrum Carrum Wetlands', *Landscape Australia,* no. 4(14), 1992, Landscape Publications, Victoria, p. 344.

32 For a description of this project, see Sharp, V., 'From Drain to Park: The Kangaroo Wetlands Project', *Landscape Australia,* no. 3, 1998, Landscape Publications, Victoria, pp. 247–9.

33 Pers. Comm. Victoria Sharp, February, 2001.

34 See Rigoli, M., 'Haslams Creek', *Landscape Australia,* no. 3(22), 2000, Landscape Publications, Victoria, pp. 233–4, and Olympic Co-ordination Authority, 'Sydney Olympic 2000 Construction Update: From Unsightly Channel to Artery of Millennium Parklands', *BCME*, no. 78(40), 1998, Federal Publishing, New South Wales, p. 35.

35 Pers. Comm. Graeme Bentley, February, 2001.

5. 旅途景观

LANDSCAPE AS JOURNEY

像故事一样，旅行可以被想像为穿越时间和空间的有条理的故事。故事是一系列与人和环境有关的事件，而旅行则与旅行者游历的地方与景物有关，旅游的感受也是在旅途中产生的，故事是讲述给听众听的，戏剧要写成剧本表演给观众看，而旅行中的景观是可以设计的，通过选择旅行路线，改变路旁周围的环境，使游人得到享受。

虽然景观常被认为是休息或静思之地，但它们也常常被设计成活动或交流之地。花园中浓阴的人行道，公园中风景优美的车行道，以及许多在19世纪末20世纪初为乡村和城市设计的开放性空间，都是这种景观[1]。在堪培拉，沃尔特·伯利·格里芬设计的城市是这样的：道路是城市景观的中枢，包括两侧种植行道树的街道和风景优美的林阴大道，如澳大利亚阅兵大道（Anzac Parade）、爱德华王子台地园（Prince Edward Terrace）和北伯纳林阴大道（Northbourne Avenue）[2]。因此堪培拉的街道是澳大利亚最好的。

那么，澳大利亚有没有其他的景观形式是为户外活动而设计的——在本地区范围内传统的花园、公园，或更大范围体现当今世界特点的地方？这些户外活动景观有没有当地的特色呢？

澳大利亚大陆最显著的特点就是距离遥远，以至于被描述为“残酷的遥远”[3]。广阔的地域人烟稀少，有的只是大量平凡而单调的景观，这种景观使穿越澳大利亚的旅行具有特别的意义。遥远的距离将为数不多的、不规则扩展的城市分离开来，而这些城市都拥有很多人口。在城市之间的旅行就是去欣赏那种随时都会变动的、而不是固定的景观，在那里相互作用的是景观本身要素与要素之间、而不是与人之间所发生的相互作用。对于绝大多数的旅游者来说，这是在社会隔离区甚至是在荒地上旅行，也因此创造出无数的文学作品和电影[4]。

关于早期拓荒者和探险家旅行经历的故事，成为很多传说的素材，讲述给一代代澳大利亚的学生听。许多早期的拓荒者和探险家交叉往来于那些空旷地上，寻找可以居住的地方，寻找水源或其他有价值的东西，但他们的故事到最后是令人失望的。他们是著名小说作品的主题，如帕特克·怀特（Patrick White）的《沃斯》（Voss），书中把旅行比喻为个人的探险，个人的发现，个人的超越，而不是集体的成就[5]。在很多这样的故事中，景观并不是戏剧表演和征服的背景，而是旅行中荒凉而强烈的真实环境，描写的是旅行者内心的体验。

对于土生土长的澳大利亚人来说，旅行和故事这两个词是成对出现的，它们不可避免地会联系在一起[6]。每次穿越大陆的旅行都是一个庄严的过程，由此这块土地一次次被歌颂，变为现实的景观，这个过程一次又一次地反复进行着。这样的旅行不仅是为了到达目的地，而且这个地方及其各要素也随着旅行的进行而得到了肯定。这块土地也因此被赋予了某些含义，故事也就复活了，通过旅行过程中的不断接触，景观已不仅仅是纯粹支持人类独立生存的背景了——旅行者和土地融为一体了。

总而言之，旅行对澳大利亚人丰富阅历具有根本性作用。

快速运动——通过飞机、快速列车、汽车和超级高速公路——已经成为现代生活的同义词。速度和效率观念常常支配着人们去考虑运输系统所能提供的便利。结果，那些希望悠闲地旅行的要求渐渐被忽视了。而在城市中，兴建高速干道的提议被当地公众否绝了，因为大规模的建设会对城市景观的社会结构和生态结构产生破坏作用。虽然速度优先已经超过了其他考虑因素，很多人认为，道路和运输网络似乎与景观设计观念是不相容的。但是设计师们认为，在设计中，应重点考虑旅行的体验和周围的环境，这向以前的观念提出了挑战。在半个世纪中，自从景观设计师艾德娜·沃林（Edna Walling）出了一本描写她对澳大利亚道路景观的欣赏以及旅行过程中的乐趣的书《澳大利亚道路景观》（The Australian Roadside）后，道路的自然性发生了改变[7]。虽然她设想了未来的道路应该促进人们去发现沿途景观，而对周围景观的影响最小，但是有很多道路都破坏了周围的环境，减少了人们对周围环境的体验。她的设想——驱车穿行于道路上，然后停在路边野餐或是散步，了解更多的当地风土民情，现在看来这种可能性越来越小了。

为了扭转这种趋势，公路、街道、自行车道、人行道都成为设计的主题。这包括将旅行中的景观设计成好似一个慢慢讲述的有条理的故事，随着路线的改变情节也发生改变。这些景观的设计师们认为：在所有最好的旅行中，发现过程能够也应该会改变旅行者对整个世界的看法[8]。

Aerial view north along Anzac Parade, Canberra, showing the eucalyptus planting framing this ceremonial way, the site of many memorials to Australia's history of warfare, whose narrative culminates at the War Memorial to the top right of the picture.

堪培拉澳大利亚阅兵大道北面的航拍景观，可以看到种植的桉树形成了这条道路的框架，还可以看到澳大利亚战争历史遗留下来的很多纪念物，它的故事以战争纪念碑而告终，在本图的右上角

RETHINKING THE ROAD

重新考虑游览路线

在澳大利亚最壮观的景观中，高速公路的发展首次为人们提供了研究20世纪60年代观点的机会，这种观点认为：发现过程能够也应该会改变旅行者对世界的看法。悉尼至纽卡斯尔高速公路（Sydney to Newcastle Expressway），从悉尼北部开始兴建，穿越霍克斯伯里河（Hawkesbury River）和布里斯班水域国家公园（Brisbane Waters National Park）艰难险要而又引人入胜的地形，从1962年开始兴建，到1967年完工[9]。景观设计师彼得·斯普纳（Peter Spooner）[10]与新南威尔士道路建设总部（the New South Wales Department of Main Roads）一起合作，提出运动景观应该将当时最先进的高速公路建造技术与悉尼湾原始的砂岩景观结合在一起。这条道路是明显地被“切割”出来的，仅仅通过下层的基岩来展示一系列大规模的开凿出来的路堤，这种路堤形成了不断变化的景观，包括下面的布里斯班水域景观、附近的国家公园中未受干扰的悬崖景观和森林景观。路堑和巨大的岩石路堤展示了当地的地质风貌，随着光线和阴影的变化，岩石颜色也会不断变化。

在这条公路上旅行，体验的就是一种意想不到的兴奋感，因为壮丽的景观及各要素按一定的顺序展现在人们面前，体现了当代的公路旅行的特点。景观的规模很大，公路很长，全部都是曲线，都是巨大的斜坡、高山以及十几米高差的路堑和路堤。在现代主义盛行的今天，设计师提出，乘车的旅行者能够也应当去体验这种20世纪的速度与原始景观之间形成的强烈对比。二者都是值得赞扬的，这种景观的体验效果是逐步提高的。

这种规模的高速公路建设——要建造排水道、屏障物、路堑和路堤，随之产生的干扰可能会产生潜在的破坏，但通过设计和施工已经得到了控制，也避免了返工。这种设计景观将精力和技术集中在工程控制上，保护了现存的景观，使其能与新格局较好地融合。

相比之下，珀斯立体交叉公路（Perth Interchange）的景观（建于1964年）完全是一种装饰景观，道路和桥梁的结构成为景观格局中的视觉焦点。成片的草地和植被扩展了立体交叉公路的整条曲线，向乘车旅行者提供了一个装饰良好的空间环境，在此可以欣赏海峡中的水流和远处的城市[11]。

约翰·奥德曼（John Oldham）与西澳大利亚州道路建设权威（道路建设总部，Main Roads Department）一起，设计了高速公路景观，他认为高速公路的现代化设施值得称颂，但也应该采用传统的景观要素，如大片的草地和植被来美化高速公路，提高它的文明程度。

虽然高速公路景观是在运动中观赏的景观，但它们也有不平常之处，它们的设计重点放在景观环境的品质上，以增强旅客对景观环境的体验。现代主义者非常自信，高速公路的景观设计师对未来也充满信心，他们把这些公路看作是欣赏景观的又一新媒介。然而，经过了20多年，高速公路景观才再一次成为大量景观设计作品的焦点所在。

横跨珀斯Narrows海峡立体交叉公路看king公园北部和东部到城市天际线

View from King's Park north and east to the city skyline across the Narrows Interchange, Perth.

悉尼至纽卡斯尔高速公路的夜景，展示了霍克斯伯里河砂岩景观和国家公园中的森林景观所形成的壮丽美景。这条公路就在国家公园内。图中央是布里斯班水域

An evening view of the Sydney to Newcastle Expressway showing the spectacular setting of the Hawkesbury sandstone and bushland of the national park within which the road was sited. Brisbane Waters can be seen in the middle distance.

悉尼至纽卡斯尔高速公路。路堑是从下面的砂岩中开凿出来的，它是一种展示地质风貌的雕塑。尽管建设规模很大，但森林保留到路的边缘，健康状况也未受损害

Sydney to Newcastle Expressway. Cuttings carved through the underlying sandstone, which is revealed as geological sculpture. Despite the scale of construction, the forest and heath are retained to the road edge.

北巴尔温（North Balwyn）的人行桥、湿地和木板路

The pedestrian bridge, the wetland and boardwalk trail in North Balwyn.

Local residents enjoy the jetty on the Koonung Creek trail. The Eastern Freeway runs parallel beyond the pond.

当地居民很喜欢库农河（Koonung Creek）边的护堤。东部高速公路在池塘上穿过

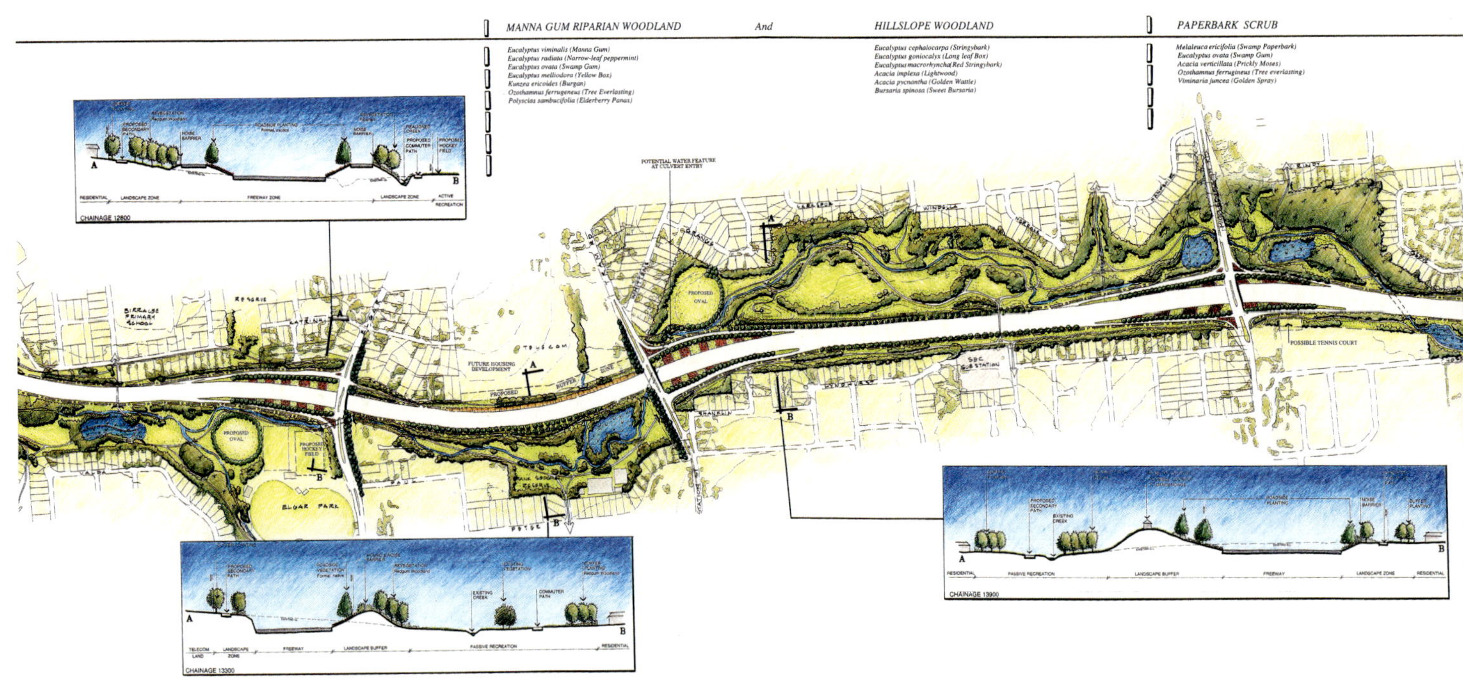

Tract Consultants master plan of 1995 of the Eastern Freeway showing the road, cycle and pedestrian trails paralleling Koonung Creek and revealing its story.

大地顾问公司于 1995 年设计的东部高速公路的总平面图。公路、自行车道、人行道与库农河是平行的，讲述了小河的故事

在布里恩（Buleen）和北巴尔温上空拍摄的航片，向东可以看到大桥、防护墙、湿地、东部高速公路以及与复原的库农河平行的开阔地

Aerial view above Bulleen and North Balwyn looking east showing the bridges, walls, wetlands and trails of the Eastern Freeway corridor and parallel open space with the restored Koonung Creek.

东部高速公路（Eastern Freeway），从墨尔本市中心延伸出来，于1994年至1997年兴建，这是一个很好的例子。州道路建设权威维多利亚州道路景观设计部（VicRoads Landscape Division）是由杰基·罗斯（Jackie Ross）和大地顾问公司领导的，他们以此为例向以前的说法（从海峡立体交叉公路（Narrows Interchange）和纽卡斯尔高速公路建成后就已经形成）提出了挑战。以前人们认为这种道路是阻隔道，降低了周围环境的质量[12]。当地居民有很多合理的理由拒绝公路从他们的村镇通过，因为他们认为这种道路会使从前连在一起的邻居隔开，会带来噪声污染、水污染和空气污染。他们特别关心道路两旁的水体保护和水质改善。他们参与到设计和决策过程中去，促进了设计师采用多种设计要素，最终改善了村镇的景观面貌，而没有破坏环境。

维多利亚州道路景观设计部和大地顾问公司的景观设计师们对当地乡村景观的形式、社会特征和环境条件进行了调查，他们了解到要使道路具有乡村景观特点，有些要素是必需的。因此，他们的目标是使整个工程的社会体系和自然体系保持通畅联系和健康发展[13]。为了达到这一目标，对河流进行了改造，人行道和自行车道扩展了整个交通网，减轻了道路对周围居民区和休闲区的负面作用。这种设计景观使乡土植被缓冲区、开垦土地和防护墙结合起来，以吸收噪声、净化空气、减少污染。当乘车旅行的游客沿着谷底穿行时，可以看到不同类型的景观。四座壮观的人行桥、自行车桥横跨过这条公路，与两边的道路和现有的交通网络连接起来。

但是，公路仅仅是这个复杂的运输循环系统的一部分。在防护墙和缓冲区以外，与公路平行的河流恢复了蓄积径流和净化径流的功能，这些径流都是从公路和周围乡村开发区流出来的，净化后的水可用于浇灌，这样乡土植被可以恢复原貌，可以为野生生物提供栖息环境。超过7公里长的小河重新修建了一下，代替了原来提议的水渠，建成为一条全新的河流，中间还有几个蓄水池和吸收、净化径流的湿地，这样，小河的蒸发量比水渠大大减少了。17公里长的自行车道和人行道穿过小溪，穿过恢复的森林、湿地和池塘，中间有许多地方可以停留，可以欣赏当地的风景。可以喂鸟、观鸟，与孩子们或小狗一起玩耍，也可以坐在太阳底下享受日光浴，呼吸新鲜空气。路旁种植了400多万株植物，其中将近有一半是由当地绿化公司用本土的天然种源繁殖的[14]。

这项工程提出了一种新理念：设计合理的道路能够发展成连接景观的纽带，使景观保持完整和健康，而不会割裂景观，破坏景观。新建成的大规模的景观区提高了当地环境的价值，因为这种景观可以为人所用，人们身处其中可以得到美的享受。这一工程提供了多种动态观赏方式，使游人有机会去体验一种全新的感受——景观作品是他们旅行中的一部分。

与城市道路景观完全不同，克劳斯顿公司的景观设计师们接到了在内陆地区的设计工程。他们并没有像维多利亚州道路景观设计部和大地顾问公司设计组设计的东部高速公路那样从建设初期就进行设计，他们需要考虑的是对现存道路系统的景观进行设计，这个系统从北到南长达1800公里，穿越大片内陆地区。几乎是直线式地穿过这块平坦而又相对平淡的土地，这条公路只是大片景观中的一小部分，其明显的特征就是灼热的夏季，淡淡的热雾和耀眼的光线。探险者高速公路（Explore's Highway），正如它的名字那样是典型的澳大利亚公路。沿途偶尔会有小小的居民区和城镇出现，或是稍有起伏的地形，减轻了无人区的平淡感。景观变化是如此细微以至于无法以高速公路的速度来欣赏赭红色的裸露土地和灰绿色的低矮沙漠灌丛。在高速公路的北端则是繁茂的绿色季风景观和季节性变黄的季风景观。旅行中最大的特点就是去体验空间的广阔性，所经之处几乎不被人所知，这些地方差别很小，没有什么特征。

克劳斯顿的工作开始于1997年，他们的计划在内地逐步推行着，从海岸线北端的达尔文到南澳大利亚州。穿行于高速公路已成为旅行者理解这种广阔而看似不可知的景观的方式[15]，其中有许多人是国外游客。据估计，穿越北部地区的旅行有40%都是公路旅行，有很多人是自己驱车旅行的，他们可能是第一次去欣赏那里的风景，也许是惟一的一次，因而公路也就成为他们旅行中的重要部分。而对于那些住在当地小镇上的居民和驾驶不雅观的公路列车（很多节连在一起的半拖车）运输货物的司机来说，这是一种再平常不过的景观。

停车区和公路边界渐渐腐蚀退化了，因为司机没有意识到当地景观的价值，开车停车时没有加以控制，而且他们也没有意识到汽车对道路会产生一定的冲击作用。由于所经之处非常荒凉，驾车旅行者不愿意停下来，但是单调的驾驶过程令司机很疲劳，因而周期性的停车休息对安全驾驶是非常重要的。尽管当地具有迷人的自然历史和社会历史，包括改变这块古老大陆的地质过程和自然过程、景观对当地人民的意义以及他们的生活方式、来自欧洲的澳大利亚移民的探险活动、早期寻找居住地失败的尝试和最近取得的成功等，但这些并不能吸引人们去欣赏当地的景观。

克劳斯顿公司设计了探险者高速公路沿途的发现性景观，这条高速公路周围的景观因沿途景观的历史意义而具有一定的文化价值。虽然道路铺石没有改变，但停车点的整个网络以及沿途的设施都是经过仔细审查后才确定位置和具体内容的。一些设施关闭了，一些仍然开放，还有一些进行了全面改造。

主要的停车点设在小镇入口处和具有历史意义和自然趣味的地方。休息亭、水和其他信息现在都可以提供了，并且在标牌上和小册子中都有说明。沿途路边和停车场都可以容纳小汽车和卡车，重新种植的植物可以减少侵蚀，休息亭和信息站都是采用当地几何形状的材料和结构粗糙的材料建造的——波纹铁管和镀锌铁管是很典型的。

探险者高速公路的整个通道是一个在旅行中才能欣赏到的景观，在停车点，一个个说明性的故事展示在旅客面前。它们都是经过精心设计的，这种设计使旅行充满了趣味性和意外的惊喜，而没有一点儿单调的感觉。在此旅客们正好有机会作短暂的停留，去欣赏和理解更多的景观内容[16]。

在这些工程中，包括道路本身的新景观要素被有选择地、仔细地设置在现存景观中，这种设置对保持景观完整性具有根本性的作用。设计师将重点放在认真细致地安排布局上，他们在设计过程中经常讨论这个问题，经常认真研究当地的景观。在设计过程中他们找到了几种改变景观规模的方法，而且这些设计手法对改善环境质量也有一定作用，向旅行者展现了更广阔的景观。他们认为，只要认真地规划设计和施工建设，经常性地对景观进行维护管理，就能够实现更高的目标。当然，关键的一点就是在整个筑路过程中景观的尺度问题，不论是在总体上还是在细部中都应该很好地把握比例尺度的关系。

艾丽斯·斯普林斯北面，探险者高速公路斯图亚特路段的中央山脉休息区和方位站

Stuart Highway section of the Explorer's Highway at the Central Mount Stuart rest and orientation station, north of Alice Springs.

Local travellers get some water and wash and cool down at the Central Mount Stuart rest area, Explorer's Highway, Northern Territory.

北部地区的探险者高速公路，斯图亚特中央山脉休息区备有自来水，来往的旅行者可以在那儿加水、洗漱和纳凉

探险者高速公路斯图亚特路段中央山脉休息区的圆锥形石堆，在方位站可以看到路线信息，还可看到当地历史文化的很多方面

The cairn at Central Mount Stuart on the Explorer's Highway. Information about the route and many aspects of 'invisible' local history provide the narrative at orientation stations.

A 'room' along the Foundation Park trail, The Rocks, Sydney. The abstracted items of furniture by Peter Cole are discovered in the many ruined rooms that interpret the historic pattern of settlement as an unfolding narrative.

悉尼岩石区的"地基公园"，图中为园内小路旁边的一个房间，彼得·科尔设计的抽象式家具摆放在很多毁坏的房间中，这些房间像一个展开的故事，讲述着具有历史意义的居住方式

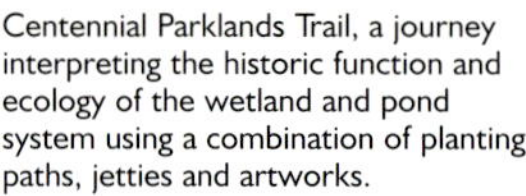

Centennial Parklands Trail, a journey interpreting the historic function and ecology of the wetland and pond system using a combination of planting, paths, jetties and artworks.

百年纪念公园小道（Centennial Parklands Trail）讲述了湿地－池塘系统的历史功能和生态环境，这一系统将植物、小路、护堤和艺术作品结合在一起

1997 年，康泰克斯景观设计公司设计的平面图和断面图，我们可以看到贯穿在砂岩地形中的叙事性小道，以及在悉尼早期开发中毁坏的房屋

Context Landscape Design's design plan and sections, 1997, showing the narrative trail through the sandstone topography and ruined rooms of Sydney's early development.

MAKING TRAILS
筑 路

对越来越占优势的汽车和公路的首次挑战来自于人行道和自行车道。这些小路是为渡假者和旅游者准备的，使他们在短时间内能够更好地了解旅游地区的特点，远离越来越繁忙的公路所带来的危险和不便。

例如，在悉尼岩石区的地基公园（Foundation Park），它的设计讲述了人们在这个具有历史意义的地方初次定居的故事。1993 年，菲利普·贝内兹（Phillip Bennetts）对这块地方进行了保护性规划，之后的设计工作则由康泰克斯景观设计公司进行，该工程于 1995 年完成。这个公园引导着游客参观一系列的房间、走廊和小路，它们都是在悉尼湾西部边缘的砂岩岬上切割出来的[17]。在欧洲移民早期定居时期，狭窄的小路体现出土地开发的集约性，似乎“土地也太热了，也在冒汗了”。雕塑家彼得·科尔（Peter Cole）的一系列雕塑，如桌椅使人想起了一些家里的东西，这些雕塑摆放在房屋废墟中，更加强了对比性。这是一种高度抽象的设计，设计师采用的是隐喻的手法，其主要观点就是：如果人们经常去接触这些东西，就会发现包含在这种历史环境中的丰富内涵。

百年纪念公园（Centennial Parklands），一个悉尼东部具有历史意义的 19 世纪的公园，康泰克斯景观设计公司沿着拉克兰沼泽地（Lachlan Swamp）附近的池塘设计了一条叙事性的小道。拉克兰沼泽地的古老白千层树林是很有名的[18]。小路的起点处是一个受人欢迎的周末野餐区和一个冰淇淋店，设计时采用了很多传统手法，芦苇和草类等植物、土路、微型沙滩和护堤、劈开的或雕凿的砂岩巨石、以及用作说明的嵌板等全部设置在内，讲述着池塘边发生的重要自然进程、池塘的历史以及保护的重要性[19]。在更广阔的景观中，这条小路的标志就是艺术家简·卡文娜（Jane Cavanagh）雕刻的金属立柱，安放在小路入口处的池塘和芦苇中。对此，景观设计师提出了一种需要交流和观察的景观，不管是专业眼光看到的大尺度的景观，还是初学者在小范围内所见到的景观，这种关于发现过程的浓缩故事能够使景观更具活力。

一只黄绿色冠毛的白鹦鹉把水泥柱当作自己的家园，这根水泥柱是百年纪念公园的标志

A sulphur-crested cockatoo makes itself at home on one of the sandstone bollards that mark the Centennial Parklands trail.

在昆士兰州最北面的凯恩斯（Cairns）北部地区，大地规划公司的景观设计师菲利普·德鲁里（Philip Druery）和马尔腾·比伊斯（Maarten Buijs）设计了一条小道，在2000年兴建，从巴伦瀑布（Barron Falls）美丽的火车站开始穿过巴伦瀑布国家公园的热带雨林，一直延伸至库兰达（Kuranda），峡谷和雨林中壮观的地形以及壮丽的瀑布成为景观旅游的焦点。以前人们认为要取得最好的旅游体验又要对环境产生的冲击最小，可以通过地面小路和质朴的原木结构来实现，但设计师对这种观点提出了异议，他们在峡谷间设置了天桥，将游客从火车站带领到森林林冠层中，使他们与茂盛的植物叶子和扭曲的藤本植物亲密接触，而森林地被层则全部留给了森林动物，如巨大的食火鸡，有时在下面可以看到。

瞭望平台进行了特别的选址和建设，为人们拍摄巴伦瀑布和峡谷提供了最佳角度和最美的风景，同时产生的干扰最小。在旅行中欣赏景观有很多方式——近观、远望，步行游览路线也进行了特别的设计，以提高游客对当地的了解。

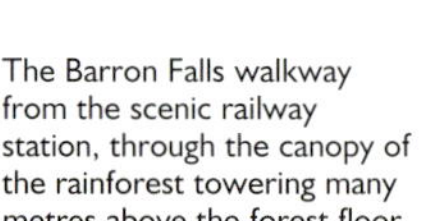

The Barron Falls walkway from the scenic railway station, through the canopy of the rainforest towering many metres above the forest floor.

从美丽的火车站延伸过来的巴伦瀑布人行道，一直穿过雨林的林冠层，可以看到林冠层高出地被层好几米

凯恩斯北部的巴伦瀑布，是世界湿生热带植物遗产区（Wet Tropics World Heritage Area），刚下火车的游客聚在一起，与壮美的背景合影。图中是在火车站至镇上的第一瞭望台上

Tourists from the train gather to have their photos taken with a backdrop of the spectacular view at the first lookout on their journey from train to town. Barron Falls, Wet Tropics World Heritage Area, north of Cairns.

修缮后的巴伦瀑布风景区火车站，从森林至当地小镇的壮观人行道的起点，左边是第一瞭望台

The upgraded station for the scenic rail at Barron Falls and the start of the spectacular walkway through the forest to the local township. The first lookout is to the left.

游人们来到墨尔本博物馆的森林艺术馆，沿着林中小道探究森林的生态环境、利用情况以及对它的破坏和保护情况

Visitors to the Forest Gallery at Melbourne Museum explore the story of its ecology, use, destruction and care along the interpreted forest trail.

The trail through the Forest Gallery at Melbourne Museum at its culmination where the abstracted forest of poles and their interpretative seat tell the story of human use, destruction and care of Victoria's mountain forests.

穿越墨尔本博物馆森林艺术馆的小道，在高潮部分，抽象的立柱森林及其用作说明的标牌讲述了人类对维多利亚州山地森林的利用、破坏和保护

The Grand Walk from Anzac Parade into the campus of the University of New South Wales – a metaphor for the educational journey of the campus' students.

从澳大利亚阅兵大道至新南威尔士大学校园的宽阔人行道——被比喻为全校学生的教育旅行

墨尔本博物馆（Melbourne Museum）森林艺术馆（Forest Gallery）的基本设施就是由泰勒、丘里特和莱斯利恩设计的叙述小道。它带领游客穿过一系列的微型景观，了解维多利亚山地森林的构成要素和演替过程[21]。该设计模拟重建了森林环境，采用抽象的艺术手法，使整个设计景观成为人们观察的对象。穿行在森林艺术馆中，游人渐渐成为这个浓缩故事的一部分，它讲述的是欧洲人移民前和移民后景观的变化，以及森林在保持生态系统活力的作用和对大环境的健康所作出的贡献。在这里，故事、旅行、设计景观结合在一起，达到一个共同的目的。

虽然，这些小道的设计鼓励人们去亲近景观，去品味它们的故事，而新南威尔士大学（University of New South Wales）肯辛顿（Kensington）校区（位于悉尼东部）入口处的大道与之形成了对比。作为对学生在校园内进行的教育旅行的一种比喻，这条大道是一条径直的人行道，同样也是由康泰克斯景观设计公司和建筑师布莱·沃勒·尼尔德（Bligh Voller Nield）和NDY·莱特（NDY Light）设计建造的。在20世纪90年代，康泰克斯公司和其他几个公司策划了一系列的发展战略[22]，最后于2000年开始兴建，该工程完成后改善了休闲广场的面貌，这个广场是彼得·斯普纳在多年前设计的。入口大道讲述了新南威尔士大学现在的故事。这条大道将近有半公里长，几乎是一个充满超现实主义特点的“灯光空间轴”[23]。灯光效果恰如其分地渲染了这块灰白色的整齐的大片铺装地面，它将校园周围环境联系起来，是大学校园内各种景观要素的典型代表。这一设计体现了步行游览具有的优越性，反映了学校的文化内涵。

不论这些工程的规模如何，设计师们对旅行和故事做了类比。他们把旅行看作是游客能够更好地了解当地景观及其价值的手段。在这些例子中，道路所处的位置是设计的焦点——设计师将精力集中在对道路位置、道路形式和建筑材料的设计上。而在其他例子中，设计师没有详细考虑道路位置及一些细节问题，他们优先考虑的是远处壮丽的景观，考虑在沿途设置一些设施，使人们减慢步伐，驻足停留，去欣赏周围的景色。但所有工程的共同之处就在于，它们都强调旅行的感受而不是旅行的目的，强调运动作为接触景观的手段是很重要的。

ENDNOTES

1 For a discussion of street life in Melbourne, see Brown-May, A. 1998, *Melbourne Street Life*, Australian Scholarly Publishing, Kew, Victoria. See chapter 4, pp. 90–5 for an account of street tree planting during the late 19th to early 20th century in Melbourne.

2 Refer Turnbull, J. & Navaretti, P. 1998, *The Griffins in Australia and India: The Complete Works and Projects of Walter Burley Griffin and Marion Mahony Griffin,* Melbourne University Press, Melbourne, pp. 101–2.

3 Blainey, G. 1982, *The Tyranny of Distance: How Distance Shaped Australia's History,* rev. ed., Macmillan, Melbourne.

4 For discussion of Australian desert travel literature, see Haynes, R. D. 1998, *Seeking the Centre: The Australian Desert in Literature, Art and Film*, Cambridge University Press, Melbourne, pp. 147–56 and pp. 192–200 for discussion of the desert landscape in Australian film. Australian land and images of landscape in television and cinema are also discussed in Carter, D., 'Crocs in Frocks: Landscape and Nation in the 1990s', *Journal of Australian Studies.* no. 49, 1996, International Australian Studies Association, Queensland, pp. 89–96.

5 White, Patrick 1960, *Voss*, Penguin, Harmondsworth, UK. See also Serle, G. 1973, *From Deserts the Prophets Come: The Creative Spirit in Australia 1788–1972*, William Heinemann and Son, Melbourne, p. 7, and Haynes, op. cit., pp. 239–43.

6 For an exploration of movement and Aboriginal culture in Australia see Chatwin, B. 1987, *The Songlines,* Cape, London, and Haynes, op. cit., pp. 14–16.

7 Walling, E. 1952, *The Australian Roadside,* Oxford University Press, Melbourne.

8 Other explorations of the way the journey can be imagined in landscape architecture include Appleyard, Donald, Lynch, Kevin & Myer, John. R. 1964, *The View from the Road*, MIT Press, Cambridge, Massachusetts, USA, and Lawrence Halprin's exploration of the choreography of movement in *Cities*, MIT Press, Cambridge, Massachusetts, USA, 1972, pp. 192–215. In the UK, Sylvia Crowe also explored the design of the road landscape in her book *The Landscape of Roads*, The Architectural Press, London, 1960.

9 For a brief description of the road history and bridge construction related to the works, see Judd, B., Hughes, G. & Anderson, T., 'Mooney, Mooney Creek Bridge', *Constructional Review*, November 1986, Concrete Association of Australia, New South Wales. A series of environmental impact assessments published by the NSW Department of Main Roads between August 1981 and May 1984 presents details on the environmental effects of the freeway and design considerations for the route alignment.

10 For a brief description of Peter Spooner's professional achievements, including his work for the NSW Department of Main Roads and the National Capital Development Commission, see *Landscape Australia*, no. 1, 1980, Landscape Publications, Victoria, pp. 10–11.

11 Refer to part two in a series of articles on early landscape architecture in W.A.: Oldham, J., 'Early Landscape Architecture in Western Australia 1954–1967. Part Two – In the City of Perth', *Landscape Australia,* no. 2(7), 1985, Landscape Publications, Victoria, pp. 219–21.

12 For a description of this project see citation and description, 'National Awards, Project Award in Landscape Architecture: Design – Transport and Infrastructure', *Landscape Australia,* no. 1, 1999, Landscape Publications, Victoria, pp. 21–2. A critique is offered by Diane Zerillo in 'Disjointed or Design Success?', *Landscape Australia*, no. 4, 1999, Landscape Publications, Victoria, pp. 355–8. The sound barriers, designed by Woods Marsh, with Pels Innes Nielson Kosloff Architects, are also described in *Architecture Australia*, no. 1(7), 1998, Architecture Media Pty Ltd, Melbourne, p. 20. The two footbridges by Gazzard Sheldon are described in *Constructional Review*, 70(1), 1997, Concrete Association of Australia, New South Wales, pp. 16–21.

13 Pers. Comm. Dr Rodney Wulff, February 2001.

14 See also information publications by VicRoads, 'Eastern Freeway Extension: Environment' and 'Eastern Freeway Extension 1994–1997', www.vicroads.vic.gov.au.

15 Cox, T., 'Explorer Highway Across Australia', *Landmark,* no. 1, 1999, AILA, New South Wales, p. 1–2.

16 Pers. Comm. Leonard Lynch, January 2001.

17 A description of this project and the citation for its award in the National Awards program of 1996 is available in the article 'Merit Award in Landscape Architecture – Design: Foundation Park', *Landscape Australia,* no. 1(19), 1997, Landscape Publications, Victoria, p. 59. There is also a discussion in Bull, C., 'Out of the Garden and Into the Landscape' *Artlink*, vol. 17, no. 1, 1997, Artlink Australia, South Australia, pp. 26–9.

18 See 1998 AILA Awards 'Project Award in Landscape Architecture: Design – Rehabilitation and Conservation', *Landscape Australia* no. 1(21), 1998, Landscape Publications, Victoria, pp. 18–19.

19 Pers. Comm. Oi Choong, January 2001.

20 Pers. Comm. Philip Druery, March, 2001. Extensive forward planning of the visitor infrastructure for the Barron River National Park was carried out during the early and mid 1990s, preceding and identifying the need for this design and construction. It included the Barron Gorge Walking Track Strategy by the Queensland Government's Department of Environment and Heritage and the *Barron River Visitor Use Study*, prepared for the same department and Mulgrave Shire Council in 1995 by Scenic Spectrums (Dennis Williamson, principal landscape architect) of Glen Waverley, Melbourne, in association with Dr George Stankey of Oregon State University and Taylor Environmental Consulting, Cairns.

21 Pers. Comm. Kevin Taylor, February 2001.

22 For a description of this project and citation, see the Awards Supplement, 2001 National Awards, 'Merit Award: Design – Public Space, University Mall, University of New South Wales', *Landscape Australia*, no. 2, 2001, Landscape Publications, Victoria, p. 32.

23 Pers. Comm. Oi Choong, January 2001.

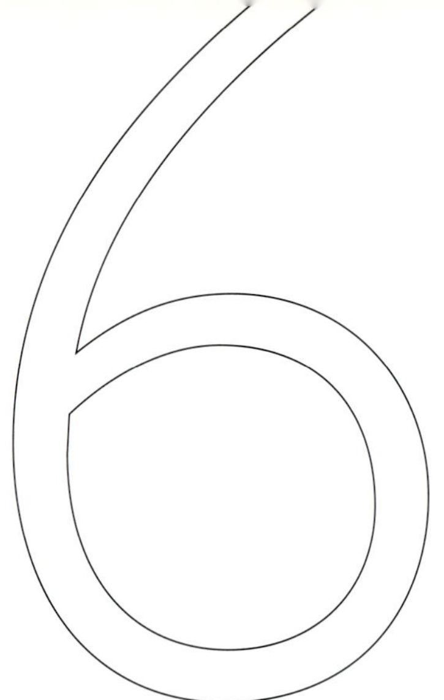

6. 城市——为户外生活而设置

THE CITY – SETTING FOR AN OUTDOOR LIFE

户外生活的理念渗透在澳大利亚文化中。由于气候温和、阳光充足、天空晴朗，澳大利亚人逐渐趋向于在户外而不是户内进行社会性活动。在澳大利亚，即使最凉爽、最多雨的大陆城市在最潮湿的季节也有一半时间是无雨的，平均每天最少有4小时的光照，最高温度平均20℃[1]。澳大利亚人还酷爱运动，在15岁以上的人群中，有35%以上的男性和21%的女性有规律地进行一些体育锻炼[2]；三分之二14岁以下的儿童开展团体活动。除了团队集体运动项目如网球、足球、板球以外，还有一些休闲娱乐活动，包括水上运动如冲浪、划船和钓鱼等，此外，还有园艺栽培等活动。而游泳对于所有年龄段的人来说都是最受欢迎的[3]。

虽然群体性活动直到二战后才成为休闲活动和户外活动的主要形式，这主要是由于在20世纪50年代至60年代，地中海国家移民的大量迁入，带来了其他形式的娱乐活动，而且一直延续到20世纪80年代，但户外野餐和散步仍然是澳大利亚人生活方式的一部分。澳大利亚拥有世界第二多的来自经济合作开发组织（OECD）国家的移民人口，海外出生的人群占总人口的20%以上[4]。在1956年至1999年期间，澳大利亚的人口将近翻了一倍，从1000万增长到1900万，每年都有30000到117000的新移民迁入[5]。

1981年，澳大利亚移民中有75%以上是来自欧洲的，亚洲人只占不到10%，但到了1991年，具亚洲血统的人占了将近20%[6]，他们带来的贸易传统和用餐习惯很受欢迎，而这些活动都是在街上进行的。由于人口结构的变化，休闲娱乐区和其他的户外空间如街道也随着业余活动的改变而具有了新的功能[7]。

除此之外，工作和休息的差别也渐渐变得模糊了，不论是在时间上还是空间上。现在，这种现象也出现在户外活动和室内活动中，不论是白天还是黑夜。街道、广场、咖啡馆为商务会议和交易提供了良好的环境，结果，更多的工作形式出现了，户外休息空间整天整周都有人去，而不仅仅是晚上或周末了。例如，到1997年为止，14%[8]的澳大利亚人是轮班工作的，在新南威尔士州，25%的人在户外工作——自1991年以来增长了50%[9]，这种工作的标准时间是从早上9:00至下午5:30。

这些因素结合起来形成了另一种文化，可能会使生活社会化、轻松化，甚至在户外工作将有机会实现。这样，户外活动的界线消失了，不再是传统的、分离的户外活动区如院子、休闲俱乐部、公园等，这种现象渗透到市民生活的各个方面。随着城市的发展，产生了很多可以进行户外活动的场所——广场、街道、办公综合楼、购物中心、校园以及园林绿地等。这些地方为人们提供了非正式交流的机会，丰富了正式交流的内容（正式交流一般是在工作环境中进行的），使当代澳大利亚不同的城市居民、不同的团体能够成为一个和睦相处的大家庭。这种地方是公共交往空间，使人们消除陌生感，彼此相互认识[10]。在澳大利亚创建这种空间显得尤为重要，因为这个国家的移民是世界上最多的。

澳大利亚的景观设计师不仅要为传统的休闲区如公园设计活动设施，使人们能够进行简单的体育活动，他们也为越来越多样化的团体运动场地设计配套设施，如高尔夫球场、橄榄球场，2000年悉尼奥运会的竞技场、赛马中心、射箭场地等。由于户外活动的形式越来越多样化了，活动空间也随之多样化，景观设计师相应也创造了更多更新颖的活动空间。

例如，在悉尼西部外围的边缘地带，传统的城市公园已经扩大，包括一个占地就有几百公顷的退化牧场和一条供水运河在内。现在，一个被命名了的区域公园——悉尼西区公园（Western Sydney Regional Park）——是一块开放空间，已经逐渐恢复了环境健康，成为休闲区和保护区。

公园建设的第一阶段，是在舒格洛夫山脉（Sugarloaf Ridge）设计瞭望台、开辟山道、重新种植植物，这是由景观设计师斯帕克曼·莫索普（Spackman Mossop）设计的[11]。他对以前人们的观念——这个公园应当采用浪漫的（英国式的）风景画似的传统设计手法——提出了异议，他认为一个景观设计应当更贴近于文化有差异的群体。毕竟悉尼西部有很多的移民群，移民在那儿定居、工作（常常是在产业公司）、养育家庭。设计重点是悉尼市中心以西壮丽的地形和风景，使山体种上绿色的植被，同时还设置了一系列的平台、斜坡和走道，这也形成了该公园的一大亮点。通过多种要素如金属、大量的混凝土和装满岩的金属石筐来达到这种效果。这些景观要素结合起来为重要的户外活动提供了一个强有力的背景，可以举行婚礼、烧烤等，扩大家庭间的交往。

The lookout at Sugarloaf Ridge, Western Sydney Regional Park, now a venue for weddings and family barbecues. The city of Sydney is laid out below to the east (top photograph).

悉尼西区公园舒格洛夫山脉的瞭望台，现在变成了人们举行婚礼和家庭烧烤的地方。往东可以俯瞰悉尼城（上面的照片）

Trails and facilities at Sugarloaf Ridge are constructed of the materials that typify the industry of western Sydney – asphalt, gabions, steel. The eucalyptus woodland that will frame views can be seen growing below the ridges.

舒格洛夫山脉的小道和配套设施采用能够体现悉尼西部工业区特点的材料——沥青、金属条筐和钢铁。桉树林在山脚下

The robust detailing of Lygon Street, Carlton. A simple suite of bluestone kerbs, asphalt and gravel surfaces, bollards and plane trees signals a shared street, complements the ornate Victorian shopfronts and supports its role as a focus for eating and entertainment as well as shopping.

卡尔顿的里高街的细部设计。一组简单的青石井栏、沥青碎石路面、水泥柱和悬铃木体现了这条共享大道的特色，它们也是装饰华丽的店面的有益补充，成为人们用餐、娱乐、购物的中心所在

Eating, reading the paper and people-watching on the widened footpaths at Lygon Street, sheltered by the historic awnings and plane trees.

在莱昂街拓宽的人行道上，人们在吃饭、看报纸、看来往的人群，同时又享受着布篷和悬铃木带来的阴凉

在内陆郊区，新的休闲区在人口密度增大的地区修建起来了。当地的街道布局进行了重新规划，建造了新的公园和广场，在封闭的街道上开辟了开放地带，为越来越多的城市居民提供了游憩场所。

莱恩科夫区（由哈里·霍华德设计，他的作品在第二章中讨论过）海伦街保留地（Helen Street Reserve）体现了另一种设计方法：如果对土地进行集约开发和利用，设计师能够创造出更有影响力的开放空间。在20世纪70年代，莱恩科夫区的郊区再次开发了多层公寓住宅而不是别墅，霍华德观察了周边地区的现状，采用传统形式，把以前的个人私家花园转换成更多的公共休闲空间。小区公园建在街道封闭区内，人们可以在此游戏和小憩，附近居民也常在这里聚会。

一些早期的街道休闲空间，如在郊区中心地带由繁忙的车道改造成的购物街，既为人们提供了休闲区，也为行人提供方便。我们看到，街道是当地居民生活的一部分，在设计过程中，设计师也特别地考虑了当地居民的意见。例如，位于悉尼西部的班克斯顿购物中心就是在20世纪70年代末秩序混乱的购物街基础上改建的，是在地方议会与居民和商人进行了多年的磋商后才开始修建的。经过长期的改造，购物街焕然一新，为后来在全市范围内进行的同类改造工程树立了榜样。改造项目包括座椅、鸟舍、露天剧场，市场、喷泉等——它们形成了正在扩大的混合性社区的新亮点。环境景观公司（现在是环境合伙设计公司）的景观设计师们与当地议会和商人代表、居民代表共同努力，拯救了一个濒临死亡的商业区，使它恢复了活力[12]。

在墨尔本的内陆城市卡尔顿（Calton），由戴维·延肯（David Yencken）领导的规划部对莱昂街（Lygon Street）进行了总体规划，20世纪80年代早期，景观设计师保罗·莱科克（Paul Laycock）与墨尔本城市委员会合作，把通透的铺装艳丽的莱昂街改造成澳大利亚最著名的美食街之一[13]。该工程的重点是采用简单的、耐久的坚固材料、精心的制作工艺和严格的规章制度进行建设，为华丽的维多利亚店面和布篷提供了衬托。

据此，澳大利亚制定了新的标准，其他的改造工程要遵从这一标准。有些工程常常忽视简洁性，因而只是短期内的成功，最终将失败。改造后的铺装道路扩展了，中央分隔带和路旁种植了落叶树，空间布局很空旷，司机和行人的视野开阔，使行人和车辆都能平等地分享空间。

工程一旦完工，环境营造好了，咖啡桌就被摆到了拓宽的铺装道路上，各种信仰的人们都来此用餐、散步，在美好的环境中享受生活。莱昂街的露天餐厅和每年隆重的节日，使它成为澳大利亚多元文化成功结合的象征，这也得到了全国人民的承认。这项工程改动很少，因为它很简单，而且规划也很合理。

邦德里街的封闭区为增加的行人和咖啡馆提供了场地，减少了附近主要街区的交通流量

The street closure along Boundary Street, providing for additional pedestrian and café activity and reducing traffic along the key block.

10年以后，在布里斯班的内陆郊区的维斯特安德（West End），城内有部分移民常常是在昆士兰州南部开始他们的生活的。景观设计师约翰·蒙格德对该城的中心街道邦德里街（Boundary Street）进行了改造，这条街道从中央商业区开始，跨过一条河。这一设计恢复了原来的沥青路面，建造了一个通往当地购物区的入口，增加了遮阴的座椅区，为户外用餐和散步提供了环境，也是对现有繁多的民族食品店、综合贸易公司和书店的有益补充。这一设计考虑了西端土生土长的居民的信仰，重建了他们的图腾——巨蜥，体形非常大，像一个界碑。

巨蜥吸引着过路的小孩和大人，不断提醒那些在街上随意行走的人们，这里原先是不能通行的，原先是在街区边界以外的。蒙格德和他的工作组抵制诱惑、没有采用标准方案和标准材料，而是与维斯特安德居民进行密切合作，设计了一个当地特有的进行户外活动的舒适环境。他们提出了一种全新的设计战略，在现有街道上添加一些新的要素，而不是全部替换[14]。因为不断添加新的不同的东西，可以丰富社区景观，这种理念丰富了街道景观的设计方法，值得赞扬。

这些设计师的作品成为后来街道改造的典范，为全国范围内大大小小的城镇、乡村进行街道改造设计树立了榜样。改造后的街道成为户外活动的理想之地——人们可以停留、休息、观察周围环境、聚会和表演等。这些工程和他们的设计者向以前的观念——街道仅仅是供车辆通行的——提出了质疑，他们把街道看作是为社会生活服务的开放空间。在有些例子中，街道扩展到邻近的广场和公园，提供了更多休闲、思考和活动的空间和机会。这些地方已成为社区居民公共的生活空间，所有人都可以坐下来休息、或者观察周围的景物，这已成为居民生活的一部分。

座椅和垃圾箱的形式简单，它们被很经济地安放在路边，节省了空间，也为街道活动提供了方便，体现了邦德里街的特色

The sparingly sited and simply detailed furnishing of seats and waste bins supports street activity and Boundary Street's diverse character.

Areas selected for pavement widening and tree planting provide sheltered spaces in Boundary Street for additional sitting and use while maintaining the traditional form of the street.

在邦德里街的铺装路面拓宽了，种植的树木为增加的座椅提供了遮阴空间，在保持街道传统形式的同时，也为人们的使用提供了方便

位于维斯特安德的邦德里街中心的巨蜥雕塑，一个当地的小孩在上面玩耍

A local resident enjoys the sculpture of the totemic goanna at the focus of Boundary Street, West End.

纽敦（Newtown）在悉尼市中心以西悉尼大学附近，景观设计师克里斯腾·马丁领导的设计组在安静区（Peace Reserve）创造了一小块，独立于旁边狭窄和繁忙的街道的空间。这一空间具有鲜明的街道特征，人们经常可以看到，里面有一些设施，一天 24 小时都亮着灯，以保证安全。安静区简单的格子铺装、草地和植物迎接着早晨的太阳，好像使其周围杂乱无章的城市环境重新加以组合和布置，提高了城市形象。行道树标志着附近的乡村街道，在购物街，有拱廊的街墙、布篷、反射镜，相邻商店的墙壁简单地刷了一层涂料，而且被灯光照亮了。这一设计看到了休息区的重要性，它没有脱离街道本身，人们可以自由进出，可以进行市场交易、举行庆祝活动或者休息。正像社区居民需要的那样，这块空间与城市结构交融在一起，不论是白天还是晚上都为居民的生活提供了一个良好的环境。

在奇弗利广场（Chifley Square），哈瑟尔公司从悉尼城市委员会 1997 年提出的最初设想出发，把周围的建筑群和道路与重新设计的广场和街道结合起来，成为城市中心最繁华的地段[15]。几何式的道路和建筑以及山坡地在以前就使用了，形成了周围漂亮建筑群的错落有致的背景。网格状种植的乡土树种、假槟榔、悬铃木贯穿整条道路，一直延伸到广场，形成了一个开放统一的公共空间。这些植物为包括一系列舒适的原木长凳的道路设施提供了框架。附近规模巨大的建筑物和西米恩·纳尔逊（Simeon Nelson）创作的高大的前任首相本·奇夫利（Ben Chifley）的雕像——一个平面的幽灵般的雕塑，微微俯视着下面广场上发生的一切。一个玻璃墙的咖啡馆拥有的空间很大（从它的边缘到附近的道路），为人们阻挡了刺骨的寒风。

金街安静区的入口，街上的材料——反光镜、墙壁、布篷是纽敦的标志

The entrance to Peace Reserve off King Street, Newtown is signalled by the materials of the street – reflectors, walls and awning signs.

The simple materials and geometry of Peace Reserve relate to those of busy and noisy King Street at its edge, while providing a retreat from it.

安静区采用简单的材料和几何图形与繁忙而喧闹的金街既有对比又有联系，它是一个躲避喧嚣的好去处

在这些街道空间中，城市背景和陈设完全与城市道路和建筑分离开来。设计师根据当地的自然特色和都市特征，使用了特定的材料和景观要素，提高了景观的价值。他们认为，一个规划合理的城市，应该是社会交流、娱乐、休息、工作和商贸的理想之地，许多户外空间对提升城市形象具有重要作用。

全国的大学校园、中小学校园其实就像一个个微型城市一样，是澳大利亚城市形象改造的遗留之地。澳大利亚的校园是模仿中世纪的修道院或古典的书院建造的，这里是安静之地，是少数特权人士学习和静思之地。它们都在郊区，雄伟的建筑建在开阔的类似公园或花园的环境中。

在20世纪60年代至70年代，很多大学和学院对校园进行合理化改造或重新建设，开辟了更多的开放空间，师生们可以聚会、娱乐，同时也能更好地容纳迅速增长的车辆（这些车辆绝大部分停在这些开放场地上）。例如，墨尔本大学帕克维尔（Parkville）校区进行第一次总体规划时，有地下停车场和绿树环抱的开阔的南区草坪（South Lawn），草地中没有人行道。这是由景观设计师罗恩·雷蒙特（Ron Rayment）在20世纪70年代末设计的，设计后就马上动工兴建了[16]。西澳大利亚大学（University of Western Australia，UWA）及其在布里斯班的格里菲斯（Griffith）校区是由罗杰·约翰逊（Roger Johnson）进行总体规划的，随后，琼·弗斯切尔（Jean Verschuer）对UWA进行了设计[17]。除此之外，一些新校园如肯辛顿（Kensington）的新南威尔士大学，悉尼北部赖德区（Ryde）的麦夸里大学（Macquarie University），墨尔本东部拉特罗布大学的班杜拉校区（Bundoora campus of La Trobe University）和莫纳什大学（Monash University）[18]，都进行了翻新改造。

教学大楼建在草地、道路、树林和运动场中——这些安静的地方有利于身心健康，可以呼吸到新鲜空气。然而，大学校园的规划设计师们也要开始考虑与汽车的负面影响展开斗争了，因为和其他地方一样，汽车开始大量占据了校园户外空间、传统的具有象征主义的大片草坪和外来落叶树林，而这些都是与北美和英国拜占庭式的教学大楼联系在一起的。

他们受到一种新做法的挑战，开始种植乡土树种，并且采用自然图案来铺装地面。景观设计师决定在这些地方将高深的学问和文化渴望与当地植被——丛林联系起来。丛林象征着澳大利亚的自然，他们认为在校园景观中，车、人和建筑应该融合在一个随意的和谐的丛林环境中。这样的校园甚至被描述为天堂花园[19]。

A continuous grid of cabbage tree palms, a relocated street and the café to the street edge provide a successful framework, which encourages use of Chifley Square in central Sydney and is supported by the solid plaza furnishings and enigmatic statue of Ben Chifley.

网格状连续种植的假槟榔、重新修建的街道和路边的咖啡馆巧妙地形成了一个框架体系，吸引人们经常到奇弗利广场休憩、游玩。广场上还有造型简洁的设施和本·奇弗利谜一般的雕塑。

库灵盖学院（Ku-ring-gai College），一个新的高等教育学院，20世纪70年代在悉尼郊区北部的林德菲尔德区（Lindfield）兴建，这种建筑方式已达到了顶峰。一开始，学院院长打算按照传统的老模式修建有长廊、草地和两边种有落叶树的人行道。但景观设计师布鲁斯·麦肯齐持有相反观点，他提出校园这一综合体应该建在莱恩科夫国家公园边缘地带的岩石山脊上。虽然工程量很大，要修建大楼、道路、停车场、运动场及各种基础设施，但他认为砂岩地形及其未受干扰的健康植被和森林应当保留在校园环境中[20]。虽然工程规模巨大，建设早期又遇了破坏性的林火干扰，但施工仍然严格按计划进行，从砂岩中开凿出一块平台，使林地受到的干扰最小。

设计师集中精力，为完成这项技术性伟业而努力着，他们希望保留下来的岩石景观和森林景观（火烧后又恢复了）可以为高等教育提供一个良好的环境。学生、老师、职工和游客每天在森林美景的熏陶下，思想能够变得更崇高。森林美景环绕在停车场、人行道、公路周围，人们从综合楼的楼顶、办公室、图书馆都可以欣赏到优美的景色[21]。

砂岩路堑、综合楼、道路、森林植被仍然在悉尼科技大学库灵盖校区内，它们结合在一起形成了独一无二的景观格局，它们是麦肯齐设计的“森林景观”的最后遗言，为人们的户外生活提供了自然环境，多年来受到了校区师生们的热爱。此后校园内还出现了新的发展趋向。

20世纪80年代以来，学生数量迅速增加，国际化程度越来越高，澳大利亚许多城市大学不再采用传统的乡村化的校园设计手法，而是采用更现代化的更城市化的设计形式引导校园景观格局的慢慢演变。有些学校率先对校园周围的城市化区域进行改造，校园内外形成了新的环境格局，这样学生、职工、旅游者都能在那儿相互交流、相互了解，而不再局限于图书馆、实验室和教学楼的范围内了。现在，规模较大的大学一个校区就要容纳2万多名学生，再加上教师和普通职工，人数就更多了，他们逐渐成为城市生活的重要部分。

新南威尔士大学（University of New South wales，UNSW）的各校区，墨尔本皇家技术学院（Royal Melbourne Institute of Technology，RMIT），昆士兰理工大学（Queensland University of Technology，QUT）等学校都作出了决策，要把校区改造成现代化的文明之地。在这些重新设计的户外空间网络中，明显地体现了工作与娱乐的融合。

悉尼科技大学（UTS）库灵盖校区，路堑、建筑物以及保护林地紧密地结合在一起，就像壮观的雕塑组群一样

The roads cuttings, buildings and conserved bushland designed as cohesive and dramatic sculptural units at the Ku-ring-gai campus of University of Technology (UTS), Sydney.

悉尼科技大学库灵盖校区。停车场、公路和人行道表现了悉尼的砂岩地貌，但又未影响到森林植被

Car parks, roads and paths designed to express the geology of the underlying Sydney sandstone and retain the bushland undisturbed. University of Technology, Sydney, Ku-ring-gai Campus.

昆士兰理工大学花园角校区的步行道入口，透过乔治街的绿篱，可以看到美恩大道和具有历史意义的城市植物园（City Botanic Gardens），以及开放式边界。（左边）

The pedestrian entrance to Queensland University of Technology, Garden's Point campus, Brisbane, from the street closure of George Street, looking along Main Drive and the open boundary to the historic City Botanic Gardens (to the left).

Students enjoy the shade and fresh air on the Library Podium, Queensland University of Technology, Garden's Point campus with its shade structure, fastfood-vending kiosk and seating areas.

昆士兰理工大学花园角校区，学生们在图书馆平台（Library Podium）上纳凉、享受着新鲜空气，还有遮阴建筑和座椅，边上有快餐销售亭

大地顾问公司于2001年对昆士兰理工大学花园角校区的总体规划平面图，这一规划将很多地方结合起来，包括美恩大道（在上面）、院子（中央偏左）、图书馆平台以及小庭院（在中央）。这些规划都成为校园景观规划的组成部分

Tract's 2001 masterplan of QUT's Garden's Point campus combining the many sites that now make up the campus landscape, including Main Drive (top), the Yard (centre left), the Library Podium and courtyard (centre).

1984年，景观设计工作组对昆士兰理工大学（QUT，后来是QIT）进行了总体规划，观察了花园角（Garden's Point）的发展潜力，将其开辟为开放性活动空间，因为校园商业区和毗邻的但有篱笆分隔的城市植物园（City Botanic Garden）、议会大厦都在此处[22]。后来，学校实施了逐步改造的计划，与土地拥有者布里斯班城市委员会和昆士兰州政府一起合作，合理开发半岛上的土地资源，开放各机构之间的连接地带，降低附近高速公路产生的噪声，将许多原先的停车场和车行道改为步行街。隔篱撤走了，新的建筑建起来了，休闲广场和步行街建成了，各种各样的活动使这块原先死气沉沉的空间又活跃起来了。

工程进行的第一步就是将乔治街改造成步行街，建造美恩大道（Main Drive）。这包括拆除植物园与校园之间的隔篱，然后开辟校园西面的空间网络和连接纽带，为全体师生员工提供更开阔的活动空间、休闲娱乐空间、交流空间和非正式的户外工作场地。遮阴的长凳可作为工作场地和日常会议地点；在开放性区域，人们可以在冬季晒太阳；在咖啡馆和食品店，人们可以吃点心或喝咖啡；在美恩大道，人们还可以举行露天表演和展览会。学校的文化设施有艺术馆、电影院和图书馆，三者连接在一起，通过乔治街和花园就可以很容易到达，从2001年年底开始，跨过南岸公园的小河也可以进去，它们被看作是景观通道，促进参观者和旅游者更好地接触和了解大学。户外活动区已成为大学生活环境的有机部分，以前学生一上完课就马上离开，现在学生们都愿意在那儿逗留，享受风光美景。不论在室内还是室外，人们与城市的关系更加紧密了。

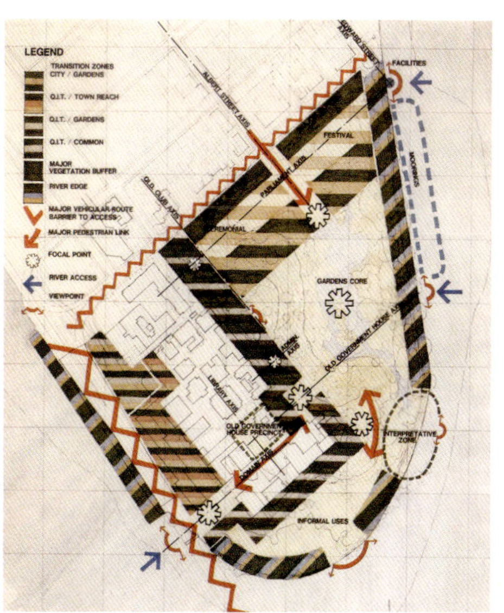

1984的花园角功能示意图（由凯瑟琳·布尔和约翰·贝德福德规划），提出了整体性利用土地和整体性开发半岛（QUT、植物园、议会大厦所在地）的方略，形成新的交通纽带

Strategy diagram from the 1984 Garden's Point master plan (Catherin Bull and John Bedford) proposing the integrated approach to land use and development on the peninsula (QUT, City Gardens, Parliament) and new links beyond.

在昆士兰理工大学花园角校区，图书馆和计算机中心旁边下沉式的庭院为学生们提供了一个休息空间

The sunken courtyard to the library and computer centre provides a breakout space for students at Queensland University of Technology, Garden's Point campus.

大地顾问公司对户外空间采用的景观处理形式是各不相同的，这要根据当地的小气候条件和使用状况而定，规划布局和材料选择都营造和透漏出一股现代气息，一种城市空间的活力，鼓励着人们去休闲娱乐。他们所选择的颜色、小品设施和植物也与布里斯班鲜明的亚热带城市特征保持一致，使大学成为室内外活动的理想之地。

这些地方原先开放空间很少，而且很单调乏味，几十年后，这些传统形式已得到了改造，但有一半的设计形式和开发工作延续了以前的风格。正如所有最好的城市设计一样，设计师把户外空间和室内空间结合起来考虑，设计成适宜休息、娱乐、工作的理想之地，户外生活也渐渐成为昆士兰理工大学增加的社区人群——社区中互不相识的人群的主要生活内容。

这些工程表明，除了传统的公园和花园以外，城市中还有很多的地方可以改造，可以进行二次开发，使喜欢户外活动的澳大利亚人拥有更多的休闲空间。同时，我们也可看到，这些空间所采用的形式应该与其服务的社区相适应，因为很多的社区居民很重视这些地方，把它们看作是他们自身身份的象征。人们开会、聚会、娱乐、工作或仅仅是观察别人，都选择了户外空间，这样不相识的人也能够互相交流，很容易就能成为社区大家庭中的一员，这种发展过程对于该国越来越多的移民来说是很重要的。

昆士兰理工大学花园角校区的师生们在咖啡馆庭院中学习、交流

Studying and socialising in the Yard café, Queensland University of Technology, Garden's Point campus.

Students talking and studying in a shady bosque in The Yard, Queensland University of Technology, Garden's Point campus with its emerging framework of canopy trees, pavements and grasses.

在昆士兰理工大学花园角校区，学生们在浓阴的丛林下聊天或学习，校园内的树冠形成了遮阴结构，下面是铺装场地和草坪

FOOTNOTES

1 Australian Bureau of Meteorology 2001, *Australian Weather* and *Monthly Temperatures for Australian Cities*, Commonwealth of Australia, Canberra (www.abs.gov.au).

2 Australian Bureau of Statistics 2001, *Australia Now: Australian Social Trends 1999 – Culture and Leisure. Sport and Sporting Australians*, figures tabulated for 1993, Commonwealth of Australia, Canberra (www.abs.gov.au).

3 Australian Bureau of Statistics 2001, *Australia Now: Australian Social Trends 1999 – Culture and Leisure. Sport and Sporting Australians*, Commonwealth of Australia, Canberra, pp. 13–14 (www.abs.gov.au).

4 OECD is the abbreviation for 'Organisation for Economic Co-operation and Development'. See Australian Bureau of Statistics 2001, *Australia Now: Australian Social Trends 1997 – Population Composition: Birthplace of Overseas-born Australians*, Commonwealth of Australia, Canberra (www.abs.gov.au).

5 Australian Bureau of Statistics 2001, *Australia Now: Population Size and Growth*. Commonwealth of Australia, Canberra (www.abs.gov.au).

6 Australian Bureau of Statistics 2001, *Australia Now: Australian Social Trends 1997 – Population Composition: Birthplace of Overseas-born Australians*, Commonwealth of Australia, Canberra (www.abs.gov.au).

7 For a discussion of the landscape of migrant Australia, see Armstrong, H. 2001, 'Migrant Cultural Landscapes: Collisions of Culture in Australia's Pluralist Cities', *Landscape Australia*, no. 1, 2001, Landscape Publications, Victoria, pp. 57–60.

8 Australian Bureau of Statistics 1998, *Working Arrangements. 1997 Australia – Report 6342.0*, Commonwealth of Australia, Canberra, p. 3.

9 Australian Bureau of Statistics 1998, *Part-Time, Casual and Temporary Employment, 1997, New South Wales – Report 6247.1*, Commonwealth of Australia, Canberra, p. 3.

10 In his essay on the purpose of communal space, Barry Greenbie uses the term 'community of strangers'. For a discussion of this, see Greenbie, B. 1981, *Spaces: Dimensions of the Human Landscape*, chapter 4: 'Distemic Space and the Community of Strangers', Yale University Press, New York.

11 Pers. Comm., Michael Spackman, January 2001. See also the project description for a merit award, Devil's Back Ridge (now named Sugarloaf Ridge), 1997, 'Australian Institute of Landscape Architects (NSW and ACT) 1997 Inaugural Awards for Achievement in Landscape Architecture', awards booklet, p. 12.

12 For a citation and description of this project, see *Landscape Australia*, no. 3, 1986, Landscape Publications, Victoria, pp. 209–10. The principal designer, Mike Ewings, also provides a project outline in 'An Environment for People', *Landscape Australia*, no. 1, 1981, Landscape Publications, Victoria, pp. 55–66.

13 Pers. Comm. Paul Laycock, July 2001

14 Pers. Comm. John Mongard, May 2001.

15 For the citation and a description of this project for the National Awards, 1998 for the Australian Institute of Landscape Architects, see *Landscape Australia,* no. 1, 1999, AILA, New South Wales, pp. 111–12. Also, a description by architect Ken Maher and a critique by Brian Zulaikha in 'Chifley Square' in *Architecture Australia*, no. 87(2), March/April, 1998, Architecture Media Pty Ltd, Melbourne, pp. 54–59.

16 See Marginson, R. D. 1980, 'The Landscape of the University of Melbourne', *Landscape Australia*, no. 3, 1980, Landscape Publications, Victoria, pp. 180–92, and a postscript to the article 'Brick Paving at the Melbourne University', *Landscape Australia*, no. 4, 1980, Landscape Publications, Victoria, pp. 307–11. Also, for a description of the University of Melbourne pedestrianisation see 'Bronze Medal for Urban and Community Design: University of Melbourne', *Architecture Australia*, no. 70(6), 1981, Architecture Media Pty Ltd, Melbourne, pp. 68–9. The landscape works were awarded a Bronze Medal by the RAIA and this is the project citation.

17 See the discussion of the history of the landscape development of the University of Western Australia by Christopher Vernon, 'Landscape (+) Architecture at U[niversity of] W[estern] A[ustralia]', *Architecture Australia,* no. 4, 2001, Architecture Media Pty Ltd, Melbourne, pp. 42–4. Roger Johnston also describes and discusses some decisions he made when planning and designing the campuses at the University of Western Australia and Griffith University, Nathan, Brisbane in Johnston, Roger 1979, *The Green City*, Macmillan, Melbourne, pp. 134–7.

18 Saniga, A., 'Landscape Architects at Monash University: Early Roles for an Emerging Profession' in *Proceedings of the Seventeenth Annual Conference of the Society of Architectural Historians, Australia and New Zealand*, Wellington, New Zealand, November 2000, pp. 533–40.

19 See Stephenson, D. 1997, 'From Silent Spring to Paradise Regained, La Trobe University – Bundoora Campus', *Landscape Australia*, no. 3, 1997, Landscape Publications, Victoria, pp. 259–66.

20 Pers. Comm. Bruce Mackenzie, January 2001.

21 ibid.

22 See 'Award of Merit: Research and Studies: Gardens Point Study, Queensland', *Landscape Australia*, no. 2(8), 1986, Landscape Publications, Victoria, pp. 116–17 and the article 'Gardens Point Master Plan', *QueensLandmark,* June, 2001, Australian Instituite of Landscape Architects, Queensland Group, South Brisbane, p. 3.

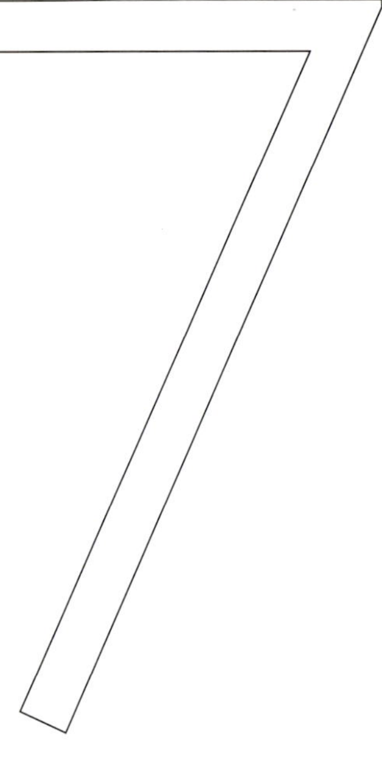

7. 动植物生境能持续发展吗?
SUSTAINING HABITAT?

澳大利亚的动植物种质资源特别丰富，多样化程度非常高。澳大利亚是世界上12个动植物种类最多的国家之一。这12个国家总共拥有全世界动植物种类的70%，而且有很多物种是特有的[1]。据估计澳大利亚全国有475000种乡土物种（细菌和病毒除外），其中仅有一半是知道名字的，有过正式的记载的种类还不到四分之一（有人说只有15%）[2]。生物多样性的降低或者说是生物种类丰富程度的下降“也许是澳大利亚面临的最严重的环境问题”[3]。生物多样性是衡量景观健康和生态健康、以及生物与非生物要素相互关系的尺度。景观生态学中把人类仅仅看作是很多物种中的一员，共同分享着自然界的动态结构和复杂的网络结构。因为生态景观是地球上所有生物的栖息地，因而，景观生态学研究的目标就是要通过生态景观的持续发展，保护现存的所有物种。

既然植被、土壤、动物之间的关系是紧密的，三者之中无论哪一个发生改变，都会影响另外两个也发生变化[4]，因此，景观的形式对生物多样性是非常重要的，植被的健康状况是生物多样性和濒危物种的指示者，在景观发生退化时最早表现出来。据估计，在澳大利亚，有一半以上的陆地景观现在都以某种方式发生退化，植被的减少严重威胁着动植物的生存[5]。

生物多样性的降低既体现在已知物种和已知生境类型的减少上，也体现在已知物种和已知生境面临威胁上。澳大利亚移民200多年的定居生活，造成这个大陆上268种哺乳动物中的19种灭绝、43种濒危；777种鸟类中的20种灭绝、50种濒危[6]。虽然澳大利亚目前濒危的鸟类和鱼类的比例在世界上是最低的，但濒危的哺乳动物和植物的比例却是最高的。

由于绝大多数的人口集中在主要植被类型存在的地方[8]，因此将近90%的各类温带森林和小桉树林遭到了砍伐[7]。开放型的桉树林占澳大利亚密集开发土地的四分之一，即全国大陆面积的8%，这些地方的砍伐面积几乎占总砍伐面积的一半[9]。结果导致野兽侵袭、外来植物入侵和气候改变[10]。

对物种多样性造成直接威胁的因素主要有：生境的破坏、城市发展（建筑、道路、服务设施等）造成的植物群落的断裂，以及畜牧、农业耕作和采矿等。由开发带来的非直接、但同等严重的威胁主要是：害虫和杂草的滋生、交替性的火灾和水灾、人类活动造成的污染（包括不合理用水）和全球气候变暖造成的影响[11]。

在保护生物多样性和更好地维持环境的可持续利用方面，理想的做法就是采用一系列的积极措施去抵消那些人类已知的负面作用[12]。这种积极作用源于最初的景观规划设计和景观经营领域。最典型的就是恢复退化的土地、减少砍伐、限制城市扩张和保护开放空间使杂草可以自由生长，然后种植乡土树种。景观作为一个生态环境是所有物种可持续发展的重要载体。

在澳大利亚，不论在城市、郊区还是在农村和沿海地区，景观设计师都致力于保护和恢复动植物的栖息地。他们也在保护区内工作，他们的很多规划设计都到处可见保护为本的理念，本书的前几章也讨论了此类问题[13]。其中，有些生境保护和生境经营方面取得显著成就的佳例颇具创造性，本章将对其进行讨论。这些例子表明，保护自然在规划和设计过程中是最应该强调的。保护性措施能够也应当把自然保护区纳入到景观母体之中。因为绝大多数人都在那儿生活，绝大多数的干扰也在那儿发生。

在保护景观母体的生境的同时，也要对保护区周围的缓冲地带和过渡地带的生境加以保护，加强其生态功能，使人们通过接近它们、熟悉它们自然演替的基本过程，达到充分认识人类自身的健康生存对这一过程的最终依赖。我们也看到，如果自然保护区中的母体景观没有得到全面保护，那么自然保护区就会很快退化[14]。

澳大利亚很多的景观设计师致力于保护和恢复母体景观开发区内的乡土植被或生境，它们通常存在于恶劣的自然条件和艰难的经营状况下。景观设计师们通过对土壤、排水系统和植被的改造使污染的工业化区域恢复了健康。此前，由于没有意识到景观的价值，有很多景观受到了干扰和不合理开发的威胁，但现在它们已被保护起来了。景观设计工作的自然对象根据实际情况会有所不同，但具体景观及其所有的自然过程与人类活动具有相等的价值，二者同等重要，这激励着景观设计师去进行更好地规划设计，使二者更加平衡。这些工程的创造性体现在大规模的景观中，体现在它们的所应用的新技术中，也体现在它们的发展过程中，这些过程更好地将生态景观的要求融入到规划过程和开发过程中。

景观设计师的这些作品反映了这样的观点：环境中的自然植被对维持水文循环有帮助作用，它稳定了地表径流，调节了地下水位和自然净水系统，对土壤结构的形成和保持也有一定作用，保持了土壤湿度和养分水平。

植被通过分解和吸收人类活动产生的大量污染物，改善了空气质量和水质。植被对维持气候稳定也有帮助作用，通过水分循环使降雨量保持在当地原有的水平，还可以积极地调节小气候。乡土植被也能帮助动物从自然灾害中恢复过来[15]。

关于保护和恢复的重要例子就是堪培拉市中心的规划，中标者是沃尔特·伯利·格里芬，他将城市置于群山环抱之中，在山上重新营造桉树林，几年后这一规划便变成了现实。在20世纪的上半叶，那里是一片秃山，而现在已经完全被森林所覆盖。由于其独特的景观价值和休闲价值，这一环境已经成为全市范围内的国家首都开放空间系统的一部分[16]（NCOSS可以在第4、5章开头部分的照片中看到）。

Thurgoona, Albury Wodonga, detail view of suburban layout and plantations.

奥尔伯里沃东加的瑟古纳（Thurgoona），乡村布局和植被的详细情况

多年后，在维多利亚州和新南威尔士州接壤的边界小城阿尔伯里·沃德加（Albury Wodonga），由于采取了保护措施，推行了改造计划，将裸露的牧场改造成林地或森林[17]。在1977年到1987年的十年中，景观设计公司DSB（Deverson Sholtens Bombardier）在周围的山上展开了大规模的植树计划，并且监督了实施的全过程，这样为将来的发展提供了一个良好的环境，也提供了野生生物的迁徙通道，它将现有的森林斑块联结起来，减少侵蚀，成为农村土地拥有者开发土地的典范。这里种植了一百多万种的乡土树种（over one million species of native trees），按计划进行科学管理。这一规划面积达几千公顷，极大地改善了城市环境。

在悉尼郊区的莱恩科夫，景观设计师哈利·霍华德是当地议会的顾问，负责专业咨询和协调工作，从70年代开始他一直从事这项工作达20年之久，在他的努力下，莱恩科夫变成了绿树成荫的郊区。以前这里完全是另外一副模样：光秃秃的街道，裸露的保留地、荒芜的郊区花园以及沟渠边残缺的块状或带状林地。现在已大范围地重新种上了树木。街道边种上了乡土树种，保留地从重新规划的封闭的街道系统中开辟了出来，在新的高密度住宅开发区周围也种上了乡土树种[18]。整个郊区被改造成为一个全新的生态景观，在这里，所有的野生动植物都能与人类和谐共存。

在悉尼北部猎人河谷（Hunter Valley）的梅特兰（Maitland），当地议会聘请景观设计师皮滕德莱·欣克菲尔德、布鲁斯以及规划师彼得·安纳德（Peter Annand）及联合景观公司一起合作，在1998年制定了植被保护计划，保护整个行政区域内的植被，面积约有360平方公里[19]。现状是整个区域内只有12%的土地还有最初种植的植被。他们不仅要评估植被现状，测定植被位置，而且还要提出改造计划，目的是使植被能够保护下来。由于当地的植被都在私人用地上而不是在公共用地上，而且特别地分散，这给工作带来了难度。他们实施了包括政策性措施在内的一整套改造措施，例如保护激励政策、土地交换政策、公民享有可转移开发权政策、等级差异条例和征税政策等措施。所有这些措施都可以合并到当地的法令性规划框架中。他们根据各个物种及其分布区域和生长情况等科学资料，对植被进行归类，将其分为不同的植被经营单元（Vegetation Management Units，VMUs），并将各个植被经营单元的设计与整个战略目标的规划联系起来，充分挖掘潜力，提高生物多样性[20]。

Aerial view of Thurgoona, east of Albury Wodonga with its frame of plantation woodland belts planted 1977–87. The dam can be seen in the distance.

奥尔伯里沃东加的瑟古纳，从航拍片中可以看到种植林带的主体框架，这些树木是在1977—1987年种植的，远处是堤坝

梅特兰在推行植树计划前，当地开发造成的负面影响持续了很多年，而布里斯班北部的派恩河（Pine Rivers）则与之完全不同，他们看到了开发所造成的威胁，事先就作好了准备。虽然当时该郡并没有发生严重的植被退化（该郡原有的植被覆盖率为50%，而整个昆士兰东南部只有25%），但城市化发展速度却非常快。昆士兰东南部是澳大利亚发展速度最快的地方[21]，在今后的20年中人口将增加100万。因此，郡政府聘请柴诺威什公司（Chenoweth）和联合景观公司组成的工作组于1993年制定了整个行政区的绿化方案[22]。

在澳大利亚全国范围内，有50%以上濒危或珍贵的哺乳动物、鸟类、植物、爬行动物和淡水鱼生活在人口增长区，或生活在大城市扩张后的边缘地带。而在昆士兰则不同，生活在这类区域的濒危或珍贵的植物占62.1%，鸟类超过50%，哺乳动物在25%以上[23]。截止1991年，全州只有2.3%的土地是受到保护的，并且是在国家公园内，远远低于维多利亚州的10.5%和塔斯马尼亚州的20%。在昆士兰东南部的生物地理区内，目前只有3%的土地考虑要进行保护[24]。虽然保护区有很多，但规模都很小，必须依靠与其他的景观斑块和廊道相联系来维持生存[25]。由于派恩河在德阿吉拉尔山脉（D'Aguilar Range）和其西面的布里斯班森林公园保护区的框架内，而且发展速度很快，因此该郡的绿化规划就显得尤为重要。

绿化规划的关键就是建立一个信息库，可以帮助决策者进行决策，并且这个信息库要能够很容易地与其他标准进行比较，因为在开发过程中必须要考虑到这些准则[26]。在对全郡范围内的景观资产，包括斑块、生境网络以及一些特别的景观结构如山脉、斜坡、小溪、河流和湿地等进行分析后，郡政府实施了将全郡建设成为保护经营区（Conservation Management Areas，CMAs）的战略性计划。他们既考虑科学的因素，同时又考虑到社会文化因素，其中包括：景观质量、休闲娱乐带来的潜在影响、开发中可能出现的压力、以及保护环境所需要采取的切实措施等。这一信息库的建成，可以帮助政府官员迅速地获取资料，科学决策，同时也可以为社区居民提供信息资料。

规划的总体目标是保护和恢复自然生境中的保留区域，维持一个物种丰富、生物多样化程度高的环境。并尽可能地通过立法和规划来保护自然生态环境，或者用新建的补偿区域来代替那些规划设计后仍无法保留的地区。

例如，在昆士兰和新南威尔士的沿海地区相对比较常见的白千层树林，主要是受到了当地生境退化的威胁，现在总共只剩下160公顷了。预计在15年内它们将消失殆尽，还有生长在低地区域的干旱硬叶常绿林也受到威胁[27]。绿化规划的核心内容就是保护白千层沼泽地斑块和桉树林斑块，使其存在于城市低地发展中的住宅区附近，如在北湖（North Lakes，见第8章）边的住宅小区[28]。在有些开发区中，湿地也被保留下来了，并进行了改造。这些成就的取得都是议会官员、积极的社区居民和开发组成员认真实施规划方案的结果。

从布里斯班森林公园看到派恩河郡的景观，在城市化进程中，绿化规划保护了生态环境

A view of the Pine Rivers Shire north of Brisbane from Brisbane Forest Park, subject of the greening plan to assist the conservation of habitat during its urbanisation.

从一个标志性小山（污染物堆成的）上看到的景观，西南面是千禧公园，前面是重建后的小河和植被，远眺是奥林匹克公园

View from a marker mound, containing contaminated soil, southwest across the Millennium Parklands with the re-established streams and vegetation in the foreground and Olympic Park in the distance.

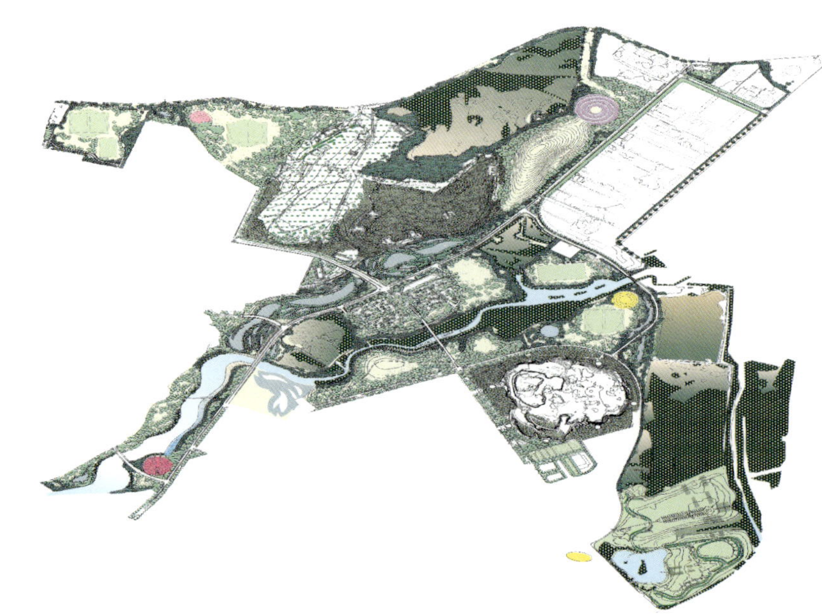

An oblique view of the 1999 sitewide planting strategy for the 450 hectares of Millennium Parklands at Homebush by Bruce Mackenzie.

布鲁斯·麦肯齐 1999 年规划的霍姆布什千禧公园的透视图，计划在 450 公顷的土地上全部造林

悉尼西部的千禧公园（Millennium Park lands）的发展，使450公顷的土地得到了改造[29]，恢复了生机勃勃的景象，成为市民休闲的好去处。在欧洲裔移民200多年的定居过程中，有大量的土地逐渐退化了。最初砍伐后用于畜牧的土地后来被用作了屠宰场、垃圾场、毒废弃物堆放场、采石场和军火库，这一破坏又是几十年。大片的低洼湿地被填满了，一些自然的溪流也被改造成水泥砌筑的排水沟了。这种现象在当时非常普遍，直到20世纪后半叶人们才认识到湿地的价值。

作为2000年悉尼奥运会举办场地的重要部分，千禧公园的建设大大地改善了当地的生态环境，创造了巨大的环境效益。一公里多长的水道恢复了，曲折萦绕地流淌在湿地中，沼泽地也进行了改造，发挥了净化地表径流的作用，沼泽地就像一个蓄水池一样，给陆地生态环境提供了灌溉水源。现有的湿地（根据国际公约RAMSAR的分类标准）被保护起来了，以及坎伯兰平原（Cumberland Plain）森林最后的几块残留地也得到了保护，这片森林是悉尼西部平原上土生土长的。

以前，森林、草地和湿地的价值被贬低、被忽视了，它们遭到了砍伐和破坏，现在都已得到了恢复，而且成为悉尼城区未来生境的重要组成部分。这些平坦的、相对平淡的景观具有许多细微的特点，游人只有身临其境才能真正感受到。设计者通过对道路系统的精心安排，使人类活动对许多动植物栖息地的干扰得到了控制。与之形成鲜明对比的是，用从其他地方运来的有害废物堆成的小山，已经成了公园非常特别的"标志物"，有化腐朽为神奇之妙，游人可以在此远眺周围壮丽的景色，欣赏周围城市和水域的联系。千禧公园的总体规划由哈瑟尔景观设计工作组和布鲁斯·麦肯齐、彼得·沃克完成，这个规划把恢复区、休闲区、展览区与科学的环境控制和研究结合起来，为所有其他的生境退化地区的规划提供了榜样。这是设计景观的一个大胆尝试，它的价值和成功与否将在以后的几十年中得到验证。

在公园内开辟出生境的具体例子如布里克皮特（Brickpit）景观恢复区，这里原先是采石场，1998年被改造成绿金雨滨蛙（the green and golden bell frog，一种濒危蛙类，喜欢高度干扰的地方）的栖息地，这是由景观设计师皮滕德莱·欣克菲尔德和布鲁斯设计的。作为一项指导性工程，水陆栖息地都为雨滨蛙开辟出来了，根据生物学家确定的栖息地类型来设置，包括本土化的草地、取暖区、临时性的碎石地带、池塘、大鹅卵石区。因为这里没有设置人类活动区，因此雨滨蛙的数量从1994年的600只迅速增长到现在的1500只[30]。

A view west to the Parramatta River and RAMSAR wetlands from a marker mound. The historic munitions store and remnant eucalyptus woodland of Newington Forest Reserve occupy the middle ground.

从标志性小山上看到帕拉马塔河和RAMSAR湿地以西的景观。中间是有历史意义的军火库和纽因顿森林保护区的桉树林

取暖区和池塘栖息处，为濒危的绿金雨滨蛙的繁殖提供了场所

霍姆布什千禧公园内的布里克皮特景观的航拍片（130页上也能看到千禧公园的设计图）

The basking areas and pond habitats created to support an expanding population of the endangered green and golden bell frog.

The Brickpit, Millennium Parklands, Homebush from above (see also the Millennium Parklands plan on page 130).

An excerpt of Bruce Mackenzie's 1979 design plan for Sir Joseph Banks Park at Botany showing part of the constructed lagoon and dune system and proposed vegetation.

1979 年布鲁斯·麦肯齐在植物学区设计的约瑟夫·班克斯爵士公园平面图摘录，图中可看到建造的部分泻湖和沙丘系统及植被种植计划

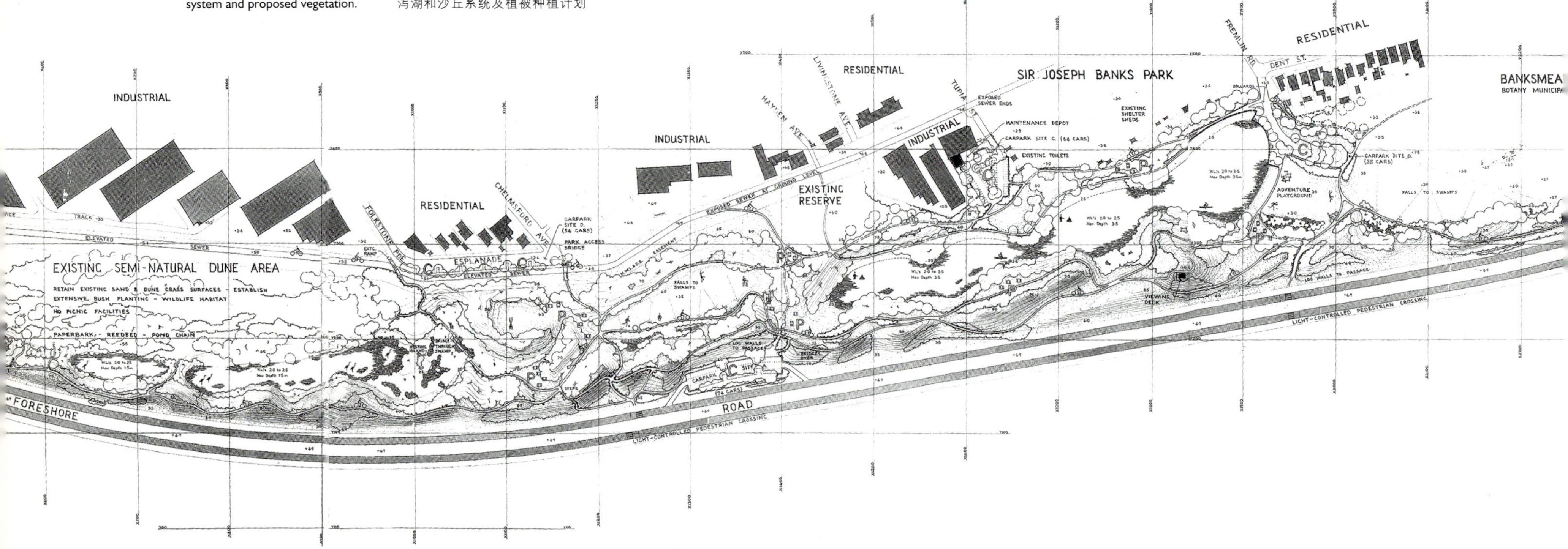

约瑟夫·班克斯爵士公园（Sir Joseph Banks Park）建于20世纪80年代中期，在植物学湾开挖时堆成的新沙地上建立起来，与恢复生境的做法有所不同，这个公园采用了开发生境的做法[31]。布鲁斯·麦肯齐的这一设计要追溯到库克船长（Captain Cook）第一次登陆时，当时这里的植物种类繁多，被博物学家约瑟夫·班克斯（Joseph Banks）命名为植物学湾。

约瑟夫·班克斯爵士公园的建成扭转了沿海生境系统的退化局面，几十年来这里已发展成悉尼重要的工业港区。在挖掘出的海沙地中，建造了一系列的沙丘、沼泽地和海岸丛林等，占地28公顷，把一个长期没有植物的地方恢复成了一个重要的本土化生境。成熟的、通透的耐阴茶树林和白千层树林生长状况良好，现在，它们与其他的林地和沼泽一起，共同构成了野生生物的栖息地，进一步提高了物种多样性程度。

在悉尼机场周围大范围内的设计明显地模仿了自然界的情形。重新建造的沙丘，高11米，长2.5公里，开辟了海边的泄湖，将22公顷的潮汐边缘带收回作为动植物的栖息地，其中在此前工业化进程中消失了的一部分也得以恢复。(在第二章结尾部分也讨论过)。

植物学区正在建设中的约瑟夫·班克斯爵士公园

Sir Joseph Banks Park, Botany, under construction.

Sir Joseph Banks Park, Botany, as it appeared within the first few years.

植物学区的约瑟夫·班克斯爵士公园在最初几年中的样子

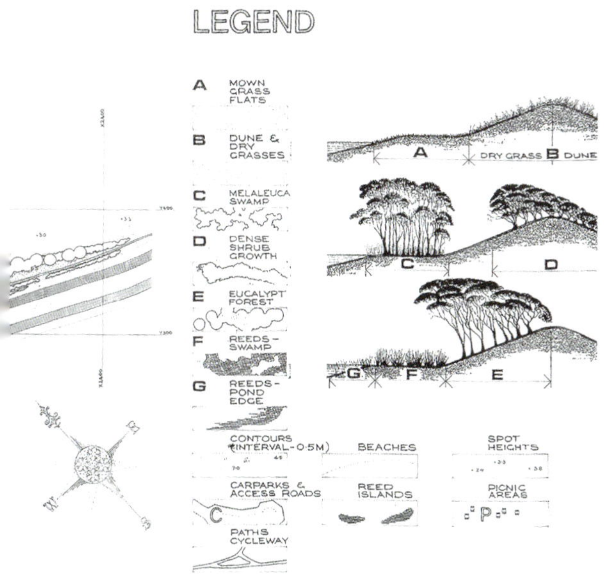

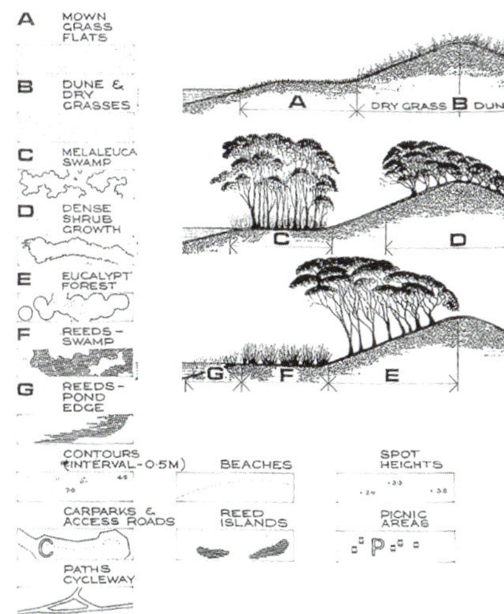

在植物学区的约瑟夫·班克斯爵士公园沿海的健康地带，一个小蜥蜴在自己的“家”中

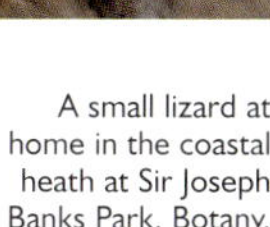

A small lizard at home in the coastal heath at Sir Joseph Banks Park, Botany.

The cycle and walking trail along the top of the heath-covered dunes, Sir Joseph Banks Park, Botany, now habitat for many small birds and reptiles.

植物学区的约瑟夫·班克斯爵士公园，自行车道和人行道沿着沙丘顶穿行，土丘顶上覆盖了生长健壮的植被，现在这里有很多的鸟类和爬虫了

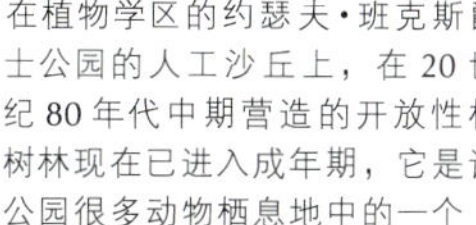

在植物学区的约瑟夫·班克斯爵士公园的人工沙丘上，在20世纪80年代中期营造的开放性桉树林现在已进入成年期，它是该公园很多动物栖息地中的一个

Open eucalyptus woodland planted in the mid 1980s matures on the re-created dunes at Sir Joseph Banks Park, Botany, one of the many fauna habitats it provides in industrial Botany.

A boardwalk through the rushes in the coastal wetland lagoons, Sir Joseph Banks Park, Botany.

Honey myrtle thickets planted just 15 years ago enclose a path and provide new habitat at Sir Joseph Banks Park, Botany.

植物学区的约瑟夫·班克斯爵士公园，一条木板路穿行在沿海湿地中长满灯芯草的咸水湖中

植物学区的约瑟夫·班克斯爵士公园，15年前种植的香桃木灌丛围成了一条小路，为动物提供了新的栖息地

Paperbark and she-oak thickets provide nesting sites for birds at the edges of the constructed lagoons at Sir Joseph Banks Park, Botany.

在植物学区的约瑟夫·班克斯爵士公园中正在建造的泄湖边缘，白千层树丛和木麻黄树丛为鸟类提供了筑巢的地方

The coastal boardwalk parallels the beach, protecting the remnant vegetation and adding to the trail network developed at Noosa.

与沙滩平行的海边木板路，保护了剩下的植被，也成为努萨道路网中的一部分

The Noosa Woods recreation area at the northern end of Hastings Street, as seen from the relocated access road. A popular site for picnicking, walking and fishing in a setting also developed as part of the overall plan.

在黑廷斯街的北端是努萨森林休闲区，图中是在重建的入口通道上看到的景观。人们常来这里野餐、散步、钓鱼，这里也是整个计划的一部分

The remnant patch of littoral forest retained at the north end of bustling Hasting's Street, Noosa, Queensland, as part of the overall plan to conserve the Noosa Spit for habitat and recreation. This is the site of the relocated camping area.

昆士兰努萨海岸森林的残余斑块保留在嘈杂的哈廷斯街（Hasting's Street）的北端，它是保护努萨角（Noosa Spit）整个计划的一部分，计划要将努萨角恢复为动物的栖息地，同时为居民提供休闲的场所。图中是新开辟的野营区

昆士兰阳光海岸边的努萨（Noosa），有一个残余的海岸森林斑块，被称作努萨森林，位于努萨角（一个恢复的沙地）和黑廷斯街的旅游中轴之间，在努萨发展为海滨胜地的过程中，这里逐渐退化了[32]。几十年来，野营活动和杂草蔓延不仅造成努萨森林的衰退，而且还使周边地区的植被面临被全部砍伐的威胁。20世纪80年代，当地居民和景观设计师格伦·格洛斯特（Glen Gloster）提出了另一种设想。由格伦·格洛斯特为努萨公园协会制定了一个规划，规划中允许游人进行适当的休闲娱乐活动，但前提是不能影响这片雨林恢复健康。通过重新规划街道和人行道，重新造林，更重要的是取消了野营活动（50多年来这种活动是被允许的甚至是被鼓励的），达到了规划中的要求。由于实施了这一规则，并且经常游说决策者，这种在森林中进行的野营活动终于在20世纪80年代末被禁止了，森林和海角（Woods and Spit）整个区域的环境开始渐渐改善了，与格洛斯特的规划目标基本一致。新种的植被区、小路和野餐区、停车场、公路、绕行路线全都建成了，鼓励人们在维持宝贵的森林残余斑块正常生长的基础上去游玩，去发现景观，去体会其中的乐趣。

正像在努萨发起的所有其他的保护性措施一样，这一结果的取得不仅需要格洛斯特的早期规划设计（她对保护当地的特色和保护开发过程中的景观充满热情），而且还需要开展多年的工作，使其他人都了解并相信改变现有模式和使用方式的益处和必要性。

努萨角的改造工作也受益于当地赋有创造性的勤劳的人们，他们租用了土地，实施了重新造林计划，并且采用乡土树种。他们的热情之高，使原来预计要25年才能实现的规划在短短的5年中就实现了[33]。通过格洛斯特及其合作伙伴的努力，对努萨向海滨胜地开发的预期过程提出了挑战，努萨不仅将大规模的特有生境规划成国家公园[34]，而且更重要的是，它展示了小规模的残余植物斑块是如何保护的，以及新的栖息地是如何在开发区内开辟出来的。当地居民和参观者现在都在使用这些区域，并且把它们独特的价值看作是海滨村庄的一部分，在那里景观生境继续供养着乡土动物，如澳大利亚树袋熊——考拉（koalas）。

在森林茂密的沙丘中的沙滩入口通道，木板路和屏障物防止了侵蚀

A beach access way through the forested dunes, protected from erosion by boardwalks and barriers.

The first of the series of parking areas and beach access points developed along the Spit at Noosa and home of the famous 'Betty's Burgers'. Noosa Woods can be seen behind.

第一个停车区和沙滩入口处，入口沿着努萨角和著名的贝蒂斯伯格斯（'Betty's Burgers'）的家园设置。后面是努萨森林新兴小城中达洛浦（Joohdalup）位于西澳大利亚州的珀斯北部，它的城镇中心公园同样将特别的边缘桉（jarrah）树林和班克西木（banksia）树林保护起来，作为休闲区的主体框架[35]。大地顾问公司的斯图尔特·普利布莱克对这个公园进行了设计，他的设计向传统的城市公园景观标准提出了异议，他创新地保留了植被，大量采用乡土植物，把重点放在重新造林和草地景观、水域景观的营造上，通过各种形式和材料表现出来。平整而有弹性的草地颜色亮绿，鲜明地衬托了周围森林有层次的微妙色彩。

维持生态环境的可持续发展和生物多样性，始终是澳大利亚人面临的最大环境挑战。要实现这一目标，最重要是了解保护区外围的生物、研究母体景观及其改善的方法。科学家们经观察发现，通过在景观母体内营造生境和居住区的新形式、新布局，也许会形成新的动植物混合群落。就在过去，由于气候变暖或变冷以及水的有效性的改变，使环境也发生了变化，新的群落也随之出现了[36]。在澳大利亚，研究乡土物种和外来物种在郊区和城区如何发生相互作用的生态学刚刚起步。这里讨论的设计景观和工程提出了人与自然相互结合的新形式，也为研究生境与物种行为提供了新的机会。有些景观表明，负面影响可以通过人类行为和景观结构的简单变化来消除。另外一些景观表明，极端的负面作用相应需要极端的措施来达到一种新的健康和平衡状态。人们应该详细评估它们对整个生境带来的益处，公正地评价它们对可持续环境的贡献。

The central pedestrian spine at Joondalup Central Park, north of Perth, concentrates pedestrian access and conserves the surrounding habitat of indigenous woodland within the matrix of suburban development.

珀斯北部的中达洛浦中心公园，隆起的中央人行道使入口集中在一起，保护了郊区发展区范围内周围乡土植被的生境

ENDNOTES

1 These concepts and statistics are discussed in *Biodiversity: Natures' Variety, Our Heritage, Our Future: At a Glance*, Environment Australia, Canberra, 1998, and *Australia Now. Environment – Biodiversity*, Australian Bureau of Statistics, www.abs.gov.au/ausstats/AB, p. 1.

2 Neilson, E. S. and Halliday, B. 1993, quoted in *Biodiversity and its Value*, Biodiversity Series, paper no. 1, Biodiversity Unit, Department of Environment, Sport and Territories, Commonwealth of Australia, Canberra, 1993, p. 8.

3 This assessment was made by the advisory council and was reported in the State of the Environment Report of 1996, CSIRO, Canberra, and quoted in *Biodiversity: Nature's Variety, Our Heritage, Our Future: At a Glance*, ibid., p. 1.

4 Graetz, Wilson and Campbell 1995, quoted in McLennan, W., *Australians and the Environment,* no. 4601.0, 1996*,* Australian Bureau of Statistics, Canberra, p. 41.

5 CSIRO 1990, *Australia's Environment and its Natural Resources: An Outlook*, CSIRO, Canberra, p. 2, quoted in *Biodiversity and its Value*, ibid., p. 22.

6 *Australia Now. Environment – Biodiversity*, op. cit., p. 1.

7 ibid., p. 2.

8 McLennan, op. cit., p. 338.

9 ibid., pp. 42–44.

10 Department of the Environment, Sport and Territories 1996, *The National Strategy for the Conservation of Australia's Biodiversity*, Commonwealth of Australia, Canberra, pp. 48–9.

11 *Australia Now. Environment – Biodiversity*, op. cit., pp. 1–3.

12 See Bridgewater, P. B. 1993, 'Conservation Strategy and Research in Australia – How to Arrive at the 21st Century in Good Shape', in Moritz, C. & Kikkawa, J. (eds), *Conservation Biology in Australia and Oceania*, Surrey Beatty and Sons, Chipping Norton, p. 18 for a discussion of the various approaches to wise land use and the maintenance (or conservation) of species diversity, especially beyond reserves.

13 The professional institute that regulates practising landscape architects, the Australian Institute of Landscape Architects has a around 20 Environmental Policies to which members are ethically bound, covering issues such as urban stormwater, rural waterways, wetlands, highways and roads, coastal development, rainforests and arid lands, state forests, public open space and its alienation. *AILA Membership Handbook,* Australian Institute of Landscape Architects, Canberra.

14 Bridgewater, op. cit., pp. 18–20.

15 *Biodiversity and its Value*, op. cit., pp. 11–23.

16 For a description and discussion of the history and management of the NCOSS, see *Our Bush Capital: Protecting and Managing the National Capital's Open Spaces, A Report of the Joint Committee on the National Capital*, Parliament of the Commonwealth of Australia, Australian Government Publishing Service, Canberra, October 1992.

17 For details of this project, see the description of this project and the accompanying citation for the National Awards, *Landscape Australia*, no. 3, 1988, Landscape Publications, Victoria, pp. 267–9.

18 Pers. Comm. Barbara Buchanan, January 2001.

19 Maitland City Council Planning Department, December 2001.

20 *Maitland Greening Plan Part A*, professional report prepared by the consultants for Maitland City Council, 1998 (unpublished), and Pers. Comm. Mark Blanche (of Shinkfield, Pittendrigh and Bruce), January 2001.

21 *The National Strategy for the Conservation of Australia's Biodiversity,* op. cit., p. 48.

22 Chenoweth Associates, *Pine Rivers Green Plan*, Main Report (unpublished), March 1994.

23 McLennan, op. cit., p. 339.

24 ibid., p. 214.

25 ibid., p. 217.

26 Pers. Comm. Alan Chenoweth, May, 2001. This and other aspects of the Pine Rivers Greening Plan are also described in *Local Greening Plans. A Guide for Vegetation and Biodiversity Management,* Greening Australia, Canberra, 1995. See chapter 5, pp. 51–5, chapter 10, pp. 113–14.

27 ibid, p. 60.

28 Pers. Comm. Alan Chenoweth, May 2001.

29 See two articles by the Olympic Coordination Authority 1998, 'Syndey Olympic 2000 Update: Millennium Parklands – A Return to the Era of Great World Parks', *BCME* no. 39(74), Federal Publishing Co., Sydney, p. 40, and 1998, 'Sydney Olympic 2000 Construction Update: From Unsightly Channel to the Artery of Millennium Parklands', *BCME,* no. 40(78), Federal Publishing Co., Sydney, p. 35. See also Bull, C. 2000, 'Millennium Parklands – Landscape of Hope', *LandForum* no. 04, Land Forum, Spacemaker Press, Berkely, California, USA, pp. 54–71. And the citation and description for the Project Award in Landscape Architecture (Planning/Master Planning), National Awards supplement, 2001 *Landscape Australia*, no. 2(23), Landscape Publications, Victoria, pp. 41–2.

30 Pers. Comm. Mark Blanche, 2001.

31 For the citation and description of this project for the National Awards (Category: Recreation), 1986, see *Landscape Australia*, no. 2, 1986, Landscape Publications, Victoria, pp 94–5. Also, Mackenzie, B. 1981, 'A Park at Botany Bay', *Landscape Australia* no. 4, 1981, Landscape Publications, Victoria, pp 298–311.

32 For a broader discussion and description of the history of this area, see Gloster, M. 1997, *The Shaping of Noosa*, Noosa Blue Publishing Group, Noosa Heads, pp. 76–81.

33 Pers. Comm., Glen Gloster, May 2001.

34 See Gloster, op. cit., for the description of how the national parks in the area were founded, principally through the efforts of local activists.

35 For a description of this project by the designers see Holden, R. 1996, *International Landscape Design*, Lawrence King Publishing, London, pp. 98–9, a report from Landcorp, WA 1994, 'Joondalup Central Park Award-Winning Park in Perth' *Landscape Australia*, no. 4(16), Landscape Publications, Victoria, pp. 293–5, the awards reference 'Australian Institute of Landscape Architects: National Project Awards 1994: Joondalup Central Park', *Landscape Australia*, no. 1(17), 1995, Landscape Publications, Victoria, p. 46, and Pullyblank, S. 1993, 'Joondalup: Tract: Landscape Architects and Joondalup', *The Architect,* no. 2(33), Winter, Royal Australian Istitute of Architects (WA Chapter), Wescolour Press, Freemantle, Western Australia, pp. 24–5.

36 Bridgewater, op. cit.

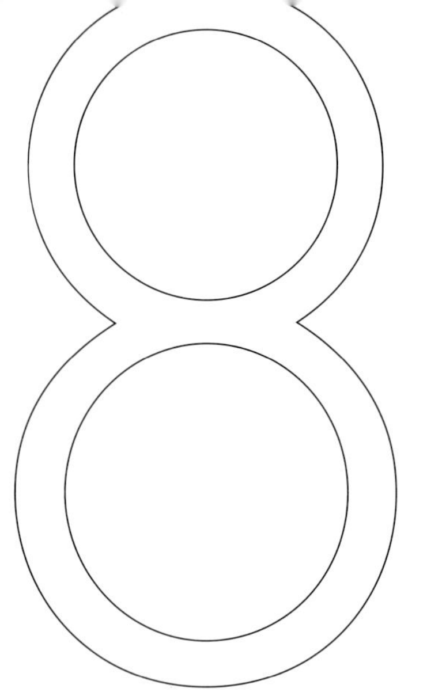

8. 澳大利亚景观的过去、现在和未来
PAST, PRESENT AND FUTURE IN THE AUSTRALIAN LANDSCAPE

前几章集中讲述了澳大利亚景观发展的历史时期，积极地回顾了期间发生的很多关系，包括人、土地、景观之间的相互联系。这些章节讨论了不同规模和类型的景观工程，以及工程的设计者们向一些传统的设计思想、方式和做法提出的挑战和斗争。这些景观设计师认为，每个地方的基本特征，如可利用的淡水状况以及乡土动植物之间的关系等，是不能发生本质性变化的，除非负面作用非常大。因此，人类在景观中的活动应该改变一下，应该是人去适应景观。他们提出，设计景观是与人类居住方式和景观形式相适应的，与土地、水、植被的使用方式也是适应的。设计师们也听取了那些使用景观的人的想法，也了解了景观本身对此的反映。

虽然许多问题在我们选择的工程中被提了出来，但每一个工程描述和讨论的主要问题都是景观与澳大利亚自然或文化之间的关系问题。从某种意义上讲，所有的工程都表明，只要有智慧、有敏锐的观察力、有共同的目标，景观的良性发展和变化是可以实现的，而且其意义是非常重大的。

在我们选择的一些典型范例工程中人们可以看到，如何才能更好地将许多景观（它们结合起来构成了整个澳大利亚）保留下来，使它们能够持续发展。退化的景观已经恢复了健康，并正日益发挥着更显著的生态效益：珍贵的景观得到了保护，它们成为各类游人聚会、娱乐和生活的场所。以前被忽视的乡土植物已开始大规模地投入使用。人们更加了解了景观所依靠的复杂的自然过程和文化过程，更加清楚了不能像以前那样，由于忽视景观的价值而滥用景观和破坏景观。

每一个工程的设计都要因地制宜，反映景观特定的立地条件与自然过程，同时也需要设计者与使用者和各种协会之间的交流。这些复杂的但颇具挑战性的交流意义重大，体现在具体的作品中。实践表明，无论景观的规模如何，景观设计要想取得最佳的效果，设计师和决策者在设计之前，就要认真倾听当地景观和当地人民的声音。要经过周密考虑，仔细推敲每一个环节，大到景观的选址，小到细部的处理等。还需要了解，景观是随着时间而慢慢变化的，景观的效果取决于长期的多种交流形式，即景观、群落、设计者、使用者之间的交流，所有这一切都是动态演化过程的一部分。

景观作为时间和演化过程的产物，能够变好（就像本书中讨论的案例那样），也能变坏；变化有时很快，有时慢得让人几乎无法察觉。在2000年悉尼奥运会所在地霍姆布什湾（Homebush Bay）、千禧公园（Millennium Parklands）、布里斯班的南岸公园（South Bank）和悉尼达令港（Darling Harbour），发生的变化都是既快又显著。在这些地方，通过进行了大规模的改造，使景观具有了新的功能，工业所造成的长期退化经过一个相对较短的时期得以恢复。而对于其他地方，变化是非常慢的，足以掩盖它们的改造程度，而且这些地方以前的状况都被人们淡忘了。这种变化很慢的地方有莱恩科夫郊区和托伦斯河道，这两个地方的所有景观都经历了几十年的时间才改造过来，而且将需要更长的时间来维持。

布鲁斯·麦肯齐在巴尔梅恩区设计的几个公园现在似乎已成为自然的一部分了，在这些公园建成前，这里都是乏味的工业化后的垃圾场。当然其他地方也进行了改造设计。它们现在看起来是那么自然、那么恰当，以至于人们很难想像出以前的糟糕样子。

根据人们不断变化的需求以及景观自身的发展变化，设计师对景观进行了改造设计甚至是重新设计。虽然大多数景观与人类的价值观和活动在空间、时间和文化上是一致的，但有许多偏离的景观也要作一定的修改。本书中所讨论的工程阐述了在最近40年中，这种改造是如何在澳大利亚不同地区开展的，如何随着人类的活动、人类价值观的改变而改变的，还阐述了随着我们对景观相对稳定性和可持续性的深入了解，对景观的适应性又是如何改变的。

假如我们生活在一个变化速度特别快的时代，我们能否预测以往设计的景观将来会变成什么样子吗？景观设计今后将采取怎样的形式呢？现有的工作给我们提供线索了吗？这里讨论的趋势和先入为主的观念会继续主宰大众的想法吗？澳大利亚的文化环境和自然环境发生了巨大变化，那么澳大利亚的景观也将随之发生深远的变化吗？

无论从哪方面来讲，这些景观都是成功的。因为在这些地方，人类的使用和环境的健康可以和平共存，对环境的利用采取了全新的更加可持续的方式，人们热爱景观、合理地利用景观，而且这些景观所表达出的新理念，改变了人们固有的看法和破坏性的实践。

这种成功预示着未来的特色景观规划设计将形式多样、前景广阔，也预示着在未来的景观中，自然要素，甚至是丛林在城市和郊区都会产生重要作用。将来人们会普遍承认清洁的水源和健康的水域是必需的，而且合理的设计能够提高水的利用率和水域的健康。在未来的海岸河滨，人与自然将和谐共存。未来的城市景观将全方位地为居民提供生活和游憩空间，这对澳大利亚的社会健康发展是非常重要的。同时，我们也可以看到，通过对景观的未来用途和对景观保护进行规划、设计和经营，保护性景观能够更好地生存下去。

总之，这些工程的成功表明，在未来，就像过去一样，良好的设计景观具有强大的自然力，能够改变人类的看法以及当地的环境。这里讨论的许多景观在改造前都是社会的累赘和环境的负担，但现在已渐渐成为居民生活的积极贡献者甚至是居民生活的中心。有些景观现在还处在青春期，有些已经成熟了，而有些将被抛弃，因为在那里，景观、居民、设计师之间的交流已经停顿了，或者已经终止了。对于景观来说，成功的显著特征就是它们明显的合理性和功能性，从专业眼光来看，就是其高雅的朴实性。

但是，这种缓慢的成功会掩饰景观制作过程和制作技巧的复杂性。结果，当发生社会变化和自然变化时，对于这些景观的改造可能是不合理的。未来面临的挑战是，当这些景观因为其自身需要或公众需求的改变而发生相应改变时，需要设计师以同样敏感的设计来适应这种变化。只有这样，它们才可能继续成为典范佳例，展示创造简单而又可持续的景观的高超技巧，这种可持续的景观能够解决复杂的社会问题和环境问题。

The miniaturised waters of the Gulf of Carpentaria and island in the foreground, with the inscribed pavements representing Australia's northern lands at the Garden of Australian Dreams at the National Museum of Australia, Canberra.

堪培拉，澳大利亚国家博物馆中的澳大利亚梦想园，卡佩塔利亚湾（Gulf of Corpentaria）的水池和小岛，刻有文字的铺装图案代表了澳大利亚北部地区

这些景观通过对更大范围的自然问题和文化问题做出的回答，表明了我们能够促进对景观的保护和利用，这对澳大利亚更加持续的发展作出了贡献。这些景观的设计师敢于向前人的观点提出挑战，并且他们承认，可持续的环境要依靠自然和文化的和平共处来实现——无论是在城区、郊区还是在农村或偏远地区。他们也有关于如何实现可持续发展、以及随着时间的推移可持续如何发挥作用等方面的主张。

然而，最近的工程可能也暗示出澳大利亚未来的景观形式。这些工程在前几章中没有讨论过，因为它们完全是最近一段时间完成的，在形式上还不成熟，对公众的长期影响还无法评估，或者是因为它们产生的一些问题仍然被看作是社会的偏见。虽然它们要面临时间的最根本的检验，但它们确实为未来的景观设计提出了新的发展方向。

这些工程包括在堪培拉的阿克顿半岛（Acton Peninsula）上澳大利亚国家博物馆的澳大利亚梦想园（Garden of Australian Dreams）、布里斯班的罗马街公园绿地（Roma Street Parklands）、以及吉姆·西纳特拉（Jim Sinatra）、菲恩·墨菲（Phin Murphy）和城市探索公司的作品，这些作品在塔斯马尼亚州的朗塞斯顿（Launceston）的赖温纳中心（Raiwunna centre），还包括布里斯班北部的北湖（North Lakes）新郊区。

在澳大利亚梦想园（Garden of Australian Dreams）的设计中，景观设计师理查德·韦勒（Richard Weller）和4.1.3设计工作室的凡拉德·西塔（Vlad Sitta）向传统观念提出了质疑。以往的观念认为，设计景观仅仅是一个哑巴，仅仅是建筑物和人类活动的一个被动的载体[1]。而他们认为，设计景观是用来评价文化的。国家博物馆以“人、土地、国家”作为主题，不是采用模拟的景观图片的单调描述，而是由设计师们邀请参观者座谈，与他们交流意见，讨论所有可能需要的文化设施，将澳大利亚罕见的野外景观转换成人们可知可近的景观。

这一设计景观急需人们的关心，要求大家共同来感受澳大利亚这个国家，形成共识，使人们了解那些至今仍无法居住的地区以及那些有人定居的地区。虽然我们无法通过传统的农业设施和居住设施来控制这些景观，但我们可以给它们命名，把它们表示出来，提取出来。国家博物馆的景观在最初的几个月中，非常受欢迎（尤其是孩子们），一时社会上出现了很多评论。该馆采用了各种各样的抽象形式来表现自己的主张。参照物、郊区和广阔的偏远地区——大量的景观片段在园内伸展开来——缠绕着、扭曲着、交织着，或呈直线状延伸，或嘎然而止。这里不光滑，没有舒适的环境，也没有绿色，有的只是一块粗糙而又看似混乱的地方，人们可以进行活动，也可以触摸。

人类的记忆力受到了挑战，要找出所有刻在表面的名字和标志，以及集中在东南边界的大量郊区居民的装饰品——外来树种、小房子、微型游泳池、草地和棕榈树。流行的景观形式——郊区，是强有力的象征，如果与人们有某种情感的联系，就能马上被认出来。由于评估景观的传统方法是通过二维的而不是三维的，我们可以从当代伟大的景观画家——杰弗里·斯马特（Jeffery Smart）和蒂姆·斯托里（Tim Storrier）等的作品中得到印证。各种形式的作品结合在一起创造了一个超现实主义的空间，使我们联想到，也许这种超现实主义的艺术作品比风景画更有用，更容易对澳大利亚景观巨大的空旷性形成概念。

GoAD, NMA Room 4.1.3's plan of the Garden of Australian Dreams at the National Museum of Australia, Canberra.

澳大利亚梦想园的平面图，由4.1.3设计工作室规划设计

在澳大利亚梦想园中，孩子们在探究微型池塘，旁边是加那利海枣和展览馆。红色的尤卢鲁线条（Uluru Line）装饰在铺装地面上和建筑表面

Children explore the miniature suburban pool (with its Canary Island Palm and house) in the Garden of Australian Dreams at the National Museum of Australia, Canberra. The red of the Uluru Line can be seen crossing the pavement and folding down the building face.

澳大利亚梦想园产生了巨大的推动力，使大家都去考虑景观和景观设计。与经典、宁静的景观完全不同，这是需要互动的景观，因此，它是时间的一种具体表现，预示着未来的景观设计将更具探险性和趣味性，每一个设计要素的表现都有其特定的意义，希望人们去解读。它也预示着未来人们将会更积极地对待景观，而不是消极地退让。这也许需要花一些精力去理解这些景观之间的对话及其表现出来的意境，但是通过这种能动性，人们可以加深理解。该项目的建筑是由阿什顿（Ashton）、莱格特（Raggatt）和麦克道格尔（McDougall）设计的，在这里，建筑设计和景观设计天衣无缝地结合在一起，为伯利格里芬湖更广阔的设计景观增添了效果。

Pondering the Uluru Line at the Garden of Australian Dreams at the National Museum of Australia, Canberra.

Children experience the twisting pavement and its stories at the Garden of Australian Dreams at the National Museum of Australia, Canberra.

参观者在仔细考虑澳大利亚梦想园中尤卢鲁线条的含义

在澳大利亚梦想园，孩子们在感受着线条交织的铺装地面

A view of the courtyard at Riawanna, the University of Tasmania where the building and monoliths provide familiarity and shelter on a windy Launceston day.

塔斯马尼亚大学中赖温纳庭院的景观，建筑和巨石在多风的朗塞斯顿天气下提供了亲切的庇护场所

在塔斯马尼亚大学朗塞斯顿校区，西纳特拉墨菲景观设计公司和城市探索公司的设计师们共同协作，在赖温纳土著文化研究中心（Riawunna Aboriginal Studies Centre）开创了一种相当新颖的设计形式，他们设计了一个富有当地特色的花园，并与中心大楼（由建筑师彼得·埃利特（Peter Elliot）设计）联系起来[2]。在整个设计过程中，积极邀请了当地居民参与一系列的专题讨论会，形成了设计的指导思想："生动的景观通过生动的文化来表达"。设计集中在当地的本土文化、塔斯马尼亚当地景观和联系土地的文化纽带上，讲述了当地人民的"故事"。这一景观不仅具有直接的功能性作用，还是一个教育基地。

赖温纳的设计景观强调了地质特点，体现了时间概念和澳大利亚景观的恢复力。一整片的碎石和地壳表层形成了一个基底，收集各种雕塑式的巨砾，体现出塔斯马尼亚与众不同的景观特点，不同的土著部落在殖民者入侵以前就是居住在那里的。对当代的土著澳大利亚人来说，具有重要文化意义的乡土树种也种植在庭院周围。花园的设计体现了土著居民与大众观念不同的关于"国家"联系的观念，也表现出塔斯马尼亚的本土文化是很有活力的。用设计师的话来说，这种景观"已成为表达他们的景观和他们的文化的一种方式"。

Riawunna, the University of Tasmania, Launceston campus. The monoliths, rocks and weathered shell cover selected for their symbolic importance and to provide a place of retreat and reflection.

塔斯马尼亚大学朗塞斯顿校区的赖温纳庭院。巨形孤置石、砂岩及其风化表面很具代表性，为人们提供了休息静思之地

The plan of the Roma Street Parklands with the new parklands in the centre of the plan and Brisbane CBD to the right (south).

罗马街公园绿地（Roma Street Parklands）的平面图，图中心是新的公园用地，右边是布里斯班 CBD（南面）

在布里斯班中心区的罗马街公园绿地（Roma Street Parklands），PARC 国际协会（包括 DEM、澳大利亚吉莱斯皮斯公司（Gillespies Australia）、大地规划研究室（landplan Studies）和加拿大西维坦俱乐部（Civitas of Canada））对这块工业化后的棕色土地进行了重新规划，改变了布局。设计师们向人们当前的看法提出了激烈的挑战，人们认为澳大利亚的乡土植物是令人厌烦的、单调乏味的，不适合应用到城市空间的设计中[3]。大地规划工作室的劳里·史密斯（Lawrie Smith）遍选了昆士兰所有的植物种类，采用各种传统的手法来展示植物，引发城市居民和游客的好奇心，激发他们的兴趣。传统的、人们熟悉的布局手法是非常重要的，它是一个联系熟悉的与陌生的景观的桥梁，它按照观赏者的观念来重新配置乡土植物。在许多动植物的栖息地中，有雾霭朦朦的溪谷、长满青草绿树的山脉、流水潺潺的山涧、郁郁葱葱的棕榈树林和澳大利亚野花草地。在罗马街公园绿地中，植物也已成为人们关注的焦点，因此它有望得到更多的承认和欣赏。在整个园区内，植物信息显而易见。罗马街公园绿地的植物景观在早期就赢得了声誉，这表明令人振奋的植物设计在城市环境中具有强大的生命力，可以改变人们对乡土植物景观价值和环境价值的看法。

这些工程表明，在设计景观中，说明性内容越来越重要了，通过说明景观要素及其布局，能够有效地传达出文化过程和自然过程的信息。在这些过程中，景观不但要给人以美的享受，更重要的是使人产生情感上的共鸣，景观是文化内涵的外在表现。

游客们在罗马街公园绿地的遮阴处小憩

Visitors to Roma Street Parklands take a break in the shade.

对这个岩石海岸城市的自然和人工景观的思考。图中是罗马街公园绿地露兜树林南面的景观

Reflecting on nature and the city from a rocky promontory. The view south from the pandanus grove at Roma Street Parklands.

The rainforest gardens and walkway viewed across the pool at Roma Street Parklands.

透过罗马街公园绿地的池塘，可以看到雨林公园和人行小道

A view from the rainforest gardens across the pool to the nearby city skyline at Roma Street Parklands.

透过雨林公园池塘看到的城市轮廓

The rainforest walkway at Roma Street Parklands.

在罗马街公园绿地雨林中的人行天桥

The re-created pandanus groves at Roma Street Parklands.

罗马街公园绿地重新营造的露兜树林

Local birdlife taking advantage of the wetland and vegetation habitat established from degraded pastoral land as part of the development at North Lakes.

当地的鸟类生活在湿地植被中，这一生境是由退化的牧场改造而来的，是北湖开发的一部分

An aerial photo montage looking north and showing the proposed suburban township plan of North Lakes superimposed on a view of current development. The Bruce Highway is to the left.

规划好的北湖郊区镇平面图与目前的开发区航拍图叠加后的综合图。左边是布鲁斯高速公路

与这些公园形成鲜明对比的是北湖（North Lakes）新兴郊区镇的景观，为22000人设计的，是昆士兰东南角的快速发展地区。这里就像其他州一样，郊区进行重新规划，因为郊区是城市用地最广泛的类型，而且绝大多数的澳大利亚人都住在那里。虽然有许多开发方式跟过去差不多，但这些新兴郊区更接近土地，更留心土地的发展过程。这些郊区景观也表达了要增强人们社会交流的愿望，希望人们经常来到镇区公共开发区休憩。这些大型开发区包含有多种类型的景观，在本书其他章节已详细描述了，虽然，以前在城区或郊区只有一小部分进行了设计或重新设计，并且融合到这些新的景观形式中了，但现在整个郊区几乎都有这些形式。典型的郊区景观设计包括公共空间的设计、水域和湿地设计、公路和小道的设计、动植物栖息地的设计、可以容纳各种社会活动和娱乐活动的开发性空间的设计以及各种建筑区块的规划设计。通过合理的规划设计，利用率平衡了，全面性的干扰减少了，产生了更多交流的机会和公共活动的机会。一个更健康的居住区景观有望形成，而不再是以前的郊区景观了，自然和文化之间的差别将会逐渐消失，取而代之的将是人类与自然界更加紧密地联系在一起。

到目前为止，北湖的规划设计进行了将近十年，由开发商租借公司（Lend lease）的室内工作组和顾问工作组开展工作，到20世纪90年代末景观设计公司EDAW的也加入了。整个环境就是一个设计景观，镇区结构的新规划与直接反映当地自然特色的景观结合在一起——有排水道，莫顿湾（Moreton Bay）低洼咸水湿地和淡水湿地，以及桉树林和白千层树林的残留斑块。只要有可能，这些斑块都将保留下来，成为开放空间网络的一部分[4]。通道植被将形成一个绿色的网状结构，这也是对开放空间网络的有益补充。街道边种植了乡土树种，排水系统被改造成一个净水系统和洪水控制系统，也是动植物的栖息地和休闲娱乐的主要场所。现有的湿地保护下来了，并被命名为区域环境公园（Regional Environmental Park），成为当地生态系统的一个窗口，按照国际公约规定被列入到RAMSAR中[5]。这种景观类型在派恩河绿化规划（在第七章讨论过）中得到了保护。

用景观设计师的话来讲，北湖在还没发展成镇区以前，是一个粗野的、空旷的、荒芜的牧场景观，既不像风景区，也不像农村。现在，在主要的公共区域进行了简洁的规划布局，强调种植乡土植物和乡土草类，因为这些乡土植物只需要栽种开始时浇一次水即可。另外，对排水系统和水域系统都进行了设计，以提高设计景观自身的运转能力。设计中没有采用常规的装饰性外来植物和草地，因为这些植物需要施肥和灌溉。设计中也没有清除所有的现存景观，尽管开发商一开始就提出了反对意见[6]。通过这项工程，设计师们在这个迅速发展的地区营造了另一种郊区景观，为社区提供良好环境的同时促进了自然环境的健康发展。这一景观马上就受到了当地人民的支持和喜爱，也受到了来往游客们的喜爱。

Remnant vegetation protected during development at North Lakes.

在北湖开发中，残余植被得到了保护

The pedestrian and cycle trail around the lake and wetlands in the central parklands at North Lakes, north of Brisbane.

北湖中心公园内环绕湖边和湿地的自行车道和人行道

当地居民沿着湖滨木板桥在晨跑

Local residents take a morning walk along the lakeside boardwalk, North Lakes.

过去人们倾向于保护珍贵的美丽的景观，但现在所有的设计都倾向于创造更特别的景观。本章讨论的前三个实例毫无疑问就是这样的例子。然而，前几章中讨论的例子提供了足够的证据，表明景观设计师发挥了积极的作用，对澳大利亚的日常景观作出了真正的贡献。我们的郊区是无所不在的，它们是平凡的，没有什么特别之处。但是绝大多数的澳大利亚人都生活在那里，每天都会接触周围的景观，在那里可以增进了解，因此，这方面设计是很重要的。虽然在早期阶段还很难知道目前改造郊区景观的设计能否带来长期的环境效益和社会效益，但有迹象表明这种设计是可以达到这一点的。毕竟，这些存在的景观，不会消除了，不论景观规模大小，自然过程都融入了它们的设计中。虽然这也体现在私家花园的私人领域内，但日常使用的地方景观仍然保留在公共景观中。通过重新修整，提高了亲合力，赋予一定的含义，这些都是很重要的。

大型的景观工程如北湖和派恩河绿化规划表明，在澳大利亚人普通的日常生活环境内，设计景观能够真正反映出受威胁的自然界的特点或即将消失的某种自然属性。这些设计，保留了原有林地，在开放空间和街道种植了乡土树种，维持了野生生物的生存环境，同时也注重表达河流水脉的系统结构，将自然界的一些特色融入到新景观中。这些设计还体现出植被对我们的生活环境具有根本性的作用和价值，反映了在广阔的公共景观环境中，自然与文化的交融越来越广泛和深入。

对比起来，澳大利亚梦想园、赖温纳（Riawanna）绿地和罗马街（Roma Street）公园绿地则再一次申明了更小的、更亲密的花园空间的价值，在这些地方，可以了解文化与自然关系的特殊方面。也许，这对澳大利亚未来的私家花园发展也有积极作用。大型景观如街道、水域、郊区或校园，已经突破了实用主义的约束，作为一个游憩的地方，花园的本质特点在这些设计中都有阐述。在形式方面，强调了地面本身的地质构造及其作为一个景域所具有的作用。它已不再是一块简单的草坪，而是已经有了自己的含义——一块景观界面的意义。刻有文字的、线条缠绕的、具有一定材质的地面已变成书写新景观的页面了。立面空间的造景元素也进行了重新设计，还考虑了现存景观的各个方面，甚至是艺术作品中描写的情景和表达的意境。罗马街公园绿地选择的是乡土植物，而且以极高的园艺技巧表现出来，甚至与产业结合在一起。在其他地方，设计师们向传统的种植方式提出了挑战，他们在公园和花园中采用新的形式来表达澳大利亚的景观意义，这些新的景观形式反映了设计师对社会意义的探索，因为人类的文化观和自然观正在经受考验。这些园林设计是在当地水平上对这种探索的真正表达。它们是否会反过来影响大型景观的规划设计，我们将拭目以待。

本书中谈到的许多工程，预示着澳大利亚未来的景观设计将更加多样化和复杂化。我们的景观设计将会表现出我们对自然多样性和文化多样性的深入理解。设计师、社区居民和景观环境三者之间将会进行更多的交流，而设计景观将是这种交流的产物。只要这些景观在发展过程中能给予积极的评价——就像这里讨论的一样，它们的故事将是独一无二和引人入胜的，与景观建造者一样的多样化。如果没有积极的评价者、有鉴赏力的听众和伟大的交流，澳大利亚许多景观的独特声音和独特形式将会丧失。

ENDNOTES

1 See various reviews of the National Museum of Australia in 'Culture Shock: Tales of the National Museum of Australia – Six Stories of its Architecture and the Culture Housed Within', *Architecture Review Australia*, vol. 75, Autumn 2001, Focus Direct Publications, Gladesville, NSW. Also see Weller, R. 2001, 'Mapping the Nation and Writing the Garden', *Landscape Australia*, no. 3(23), Landscape Publications, Victoria, pp. 40–6, and 'Triumph of trivialisation', an article by Peter Ward in *The Australian,* 16 March 2001, News Limited, New South Wales. Further discussion is in Reed, D. (ed), *Tangled Destinies: National Museum of Australia,* The Images Publishing Group, Melbourne, 2002, including Richard Weller 'Mapping the Nation', pp. 124–37 and Catherin Bull 'Hardly Polite', pp. 150–7.

2 For a discussion of this project by the designers, see Murphy, P. & Hart, T. 2001, 'Riawunna Aboriginal Studies Centre, University of Tasmania', *Landscape Australia,* no. 1, 2001, Landscape Publications, Victoria, pp. 72–4. See also the project description and citation for the 2000 National Awards in the Awards Supplement, *Landscape Australia,* no. 2, 2001, Landscape Publications, Victoria, pp. 34–5.

3 For descriptions and discussions of this project, see *QueensLandmark,* April 2001, Australian Instituite of Landscape Architects, Queensland Group, South Brisbane, p. 3 by Lawrie Smith and *QueensLandmark,* May 2001, Australian Instituite of Landscape Architects, Queensland Group, South Brisbane, pp. 4–5, by Mark Fuller.

4 See chapter 7 for a discussion of the Pine Rivers Greening Plan and its influence on this site.

5 Pers. Comm. Michael Erikson, May 2001.

6 ibid.

索　引
INDEX

Please note: bold text indicates photographs, p indicates plans, n indicates endnotes.

摄影人员

CREDITS

Ben Wrigley (Taylor Cullity Lethlean) p. 104

Bruce Mackenzie and Associates p. 24 (bottom), p. 25 (top right), p. 130 (top right), p. 132

Catherin Bull p. 22, p. 29 (top right), p. 48 (bottom and top left), p. 53, p. 69 (left), p. 86 (bottom left), p. 119 (bottom right)

Clouston p. 88–89

Context Landscape Design p. 100 (bottom left)

Department of Land and Water Conservation (NSW) p. 131 (bottom right)

EDAW Inc p. 154 (bottom left)

Ellen Comiskey p. 100 (top left)

GBLA p. 31

Hamish Freeman p. 11 (top right), p. 55 (bottom left)

Hassell Pty Ltd p. 84 (left) (from *River Torrens Study: A Coordinated Development Scheme*, p. 187 and p. 207, Hassell and Partners, Hassell Planning Consultants and Land Systems, 1979)

John Mongard and Associates p. 79

Landplan Studios p. 150

Lane Cove Council p. 29 (top left)

Max Dupain p. 28 (reproduced by permission of Bruce Rickard)

Michael Ewings/Environmental Landscapes p. 40 (top left)

National Capital Authority p. 59, p. 93

Newcastle Herald, Fairfax Group p. 69 (right)

Peter Bennetts pp. 12–14, p. 17, p. 23, p. 24 (top), p. 25 (bottom left and right), p. 26, p. 27, p. 29 (bottom), p. 30, pp. 32–34, p. 39, p. 40 (bottom left), pp. 41–43, pp. 45–47, pp. 49–52, p. 54, p. 55 (top and bottom right), pp. 60–66, p. 67 (right), pp. 70–78, pp. 80–82, p. 84 (right), p. 85, p. 86 (top left and bottom right), p. 87, p. 94, p. 95, p. 96 (top), p. 97, p. 99, p. 100 (top and bottom right), pp. 101–103, p. 105, pp. 109–118, p. 120, p. 121, pp. 126–129, p. 130 (top left and bottom), pp. 133–139, p. 144, pp. 146–149, pp. 151–153, p. 154 (top left), p. 155

Queensland Institute of Technology p. 48 (bottom left), p. 119 (bottom right) (from *Gardens Point Brisbane: A Strategy for Use, Rehabilitation and Development*, Queensland Institute of Technology and Brisbane City Council Working Party, Brisbane, 1985)

Room 4.1.3 p. 145

Sarah Mason (OF4) p. 131 (top right)

SkyCam p. 89 (right)

Tract Consultants p. 67 (left), p. 68, p. 96 (bottom), p. 119 (top right)